Der Wald

Natur, Nutzung und Geschichte
unserer Wälder im Porträt

INHALT

Waldnatur 4

Wann ist ein Wald ein Wald?	6
Waldregion Mitteleuropa	7
Waldgrenzen	10
Waldhistorie: Die Rolle der großen Pflanzenfresser	12
Eine Frage des Standorts	14
Licht und Schatten – Konkurrenz im Wald	20
Wald ist nicht gleich Wald	23
Die Buche kam erst später – kleine Waldgeschichte	24

Waldvielfalt 26

Buchenwälder	28
Hainich und Eifel – Nationalparks für den Buchenwald	44
Eichenwälder	48
Nadelwälder	58
Nationalpark Bayerischer Wald – der erste seiner Art	66
Nationalpark Harz – größter Waldnationalpark Deutschlands	72
Nationalpark Berchtesgaden – Bäume bis hoch hinauf	78

Au- und Bruchwälder	**86**
Nationalpark Donau-Auen – der Wiener Auenwald in der Lobau	94
Biosphärenreservat Flusslandschaft Elbe – eine der größten Auenlandschaften	96
Waldränder	**106**
Pilze	**110**
Totholz	**116**

Waldnutzung 124

Hölzernes Zeitalter	**126**
Waldhistorie: Was heißt Forst?	131
Waldhistorie: Saurer Regen im 19. Jahrhundert	142
Flößerei und Holzhandel	**148**
Niederwald und Holznot	**154**
Waldhistorie: Der Siegerländer Hauberg	158
Waldhistorie: Der Nürnberger Reichswald – Geschichte mit Höhen und Tiefen	162
Vom Wald zum Forst	**168**
Waldhistorie: Die Bodenreinertragslehre	178
Waldwendezeit	**184**
Waldhistorie: Wald und Klimawandel	202
Register	**206**

Waldnatur

7 Waldregion Mitteleuropa | **10** Waldgrenzen | **14** Eine Frage des Standorts | **20** Licht und Schatten – Konkurrenz im Wald | **23** Wald ist nicht gleich Wald | **24** Die Buche kam erst später – kleine Waldgeschichte

Wann ist ein Wald ein Wald?

Waldregion Mitteleuropa

Kein Lebensraum, bei dem sich Außen- und Innensicht so unterscheiden. Auf den ersten Blick wirkt der Wald wie eine grüne Mauer, in der ein Stein wie der andere aussieht. Aber drinnen kann es leicht geschehen, dass wir den Wald vor lauter Bäumen aus den Augen verlieren. Zu seiner Vielfalt gehört nicht nur der weite Fächer seiner Waldgesellschaften, sondern auch seine Verwandlungen durch die Geschichte hindurch. Einen Wald lesen zu lernen, ist eine der faszinierendsten Naturerfahrungen überhaupt.

Wer ihn vor lauter Bäumen nicht sieht, muss keineswegs zwingend im Wald stehen. Aber natürlich richtet sich auch die Definition der einschlägigen UN-Fachgliederung erst einmal nach dem auffälligsten Merkmal, also den „hochwüchsigen Gehölzen". Während unter extremen Bedingungen schon als Wald gilt, wenn die Bäume drei Meter Höhe erreicht haben, ist für klimatische Verhältnisse wie den unseren eine Höhe von sieben Metern festgelegt. Das ist eine gewiss formale Bestimmung, weitere geben noch deutlicher zu erkennen, dass sie Ausgeburten des Schreibtisches sind.

Unterschieden wird zwischen offenem und geschlossenem Wald. Beim geschlossenen überschirmen die Baumkronen mindestens sechzig Prozent der Fläche, beim offenen Wald mindestens zehn Prozent. Es schadet nicht, schon hier anzumerken: Je offener ein Wald

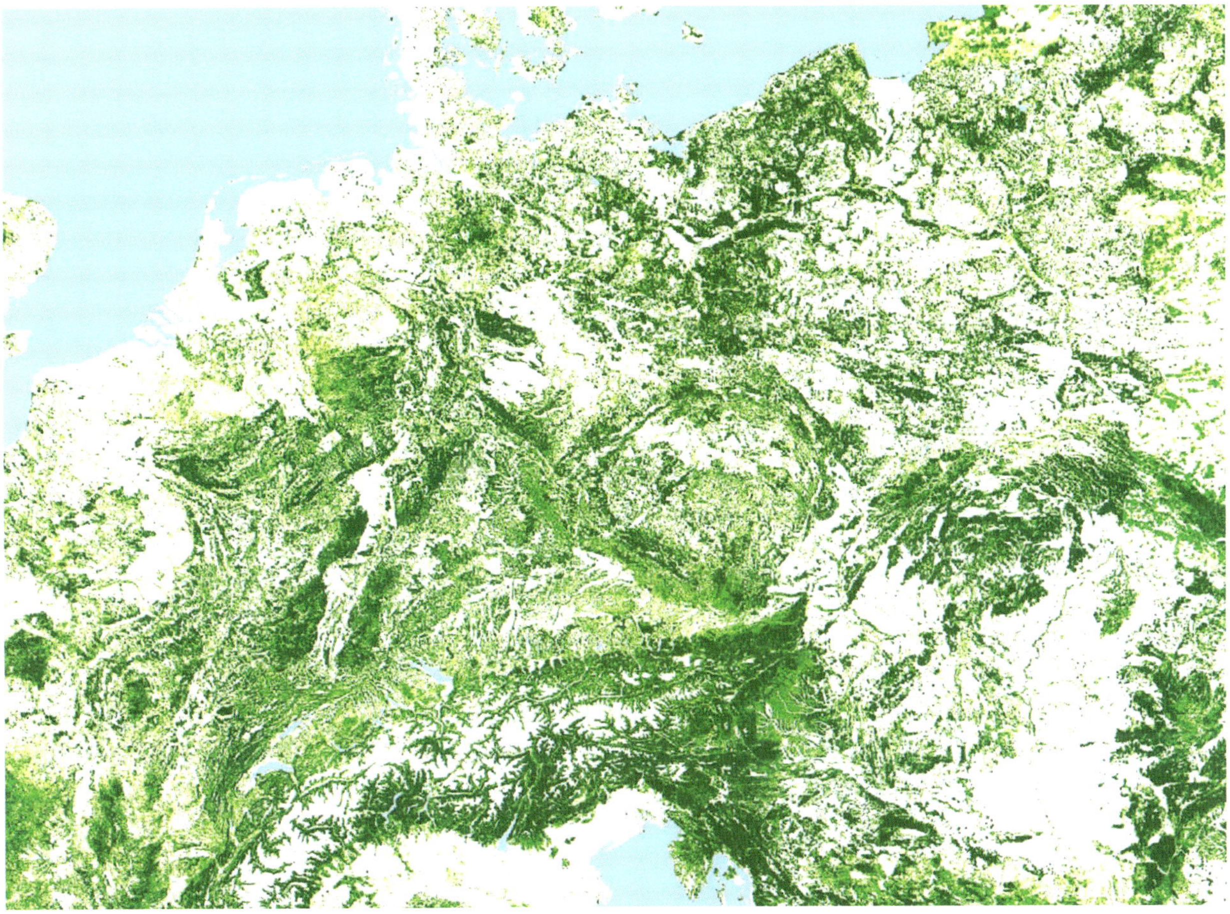

◂ Buchenwald im Streiflicht der Sonne

▲ Ausschnitt aus der Karte der Länder Europas nach Waldanteilen (European Forest Institute, 2012. Weitere Informationen unter: www.efi.int/portal/virtual_library/information_services/mapping_services/forest_map_of_europe). Sie zeichnet ein fein verteiltes Muster der Waldreviere.

ist, desto mehr büßt er die Klimaeigenschaften ein, die ihn auszeichnen. Beispielsweise verringert ein geschlossener Wald die Windgeschwindigkeit und bewirkt einen Temperaturausgleich, ist also an heißen Tagen kühler und in kalten Nächten wärmer als seine Umgebung.

Und Bäume allein machen auch noch keinen Wald im vollen Wortsinn. Ein Wald ist unterschiedlich dicht, er hat (meist) eine Strauch- und eine Krautschicht. Gräser kommen hinzu, Moose und Flechten. Ebenfalls gehört in unseren Kulturlandschaften der (lange vernachlässigte) Saum oder Rand zum Wald.

Wirtschaftswälder entsprechen der naturgemäßen Waldausstattung oft nur ansatzweise, Fichtenforste gar nicht. Vielfach wächst hier buchstäblich kein Gras mehr. Eine geschlossene Grasschicht würde allerdings bedeuten, dass ein Baumbestand kein Wald mehr ist – selbst wenn er Hudewald heißt.

So wenig beim Ökosystem Wald die menschlichen Eingriffe (mitsamt ihrer historischen Dimension) vernachlässigt werden dürfen: Es spiegelt die natürlichen Verhältnisse doch am ehesten wider. Heiden, Wiesen, die Äcker ohnehin sind Landschaftskleider, deren Pflege mehr Aufwand erfordert – und Durchsetzungskraft gegenüber den natürlichen Gegebenheiten. Wenn also der Wald das Naturempfinden besonders stark anspricht, ist diese Empfindung ein ganz natürlicher Reflex.

Die mitteleuropäischen Wälder gehören zu den Wäldern der gemäßigten Zone mit ihren klar konturierten Jahreszeiten. Diese Wälder beanspruchen weltweit rund 22 Prozent der Waldfläche, sie finden sich vorwiegend auf der nördlichen Halbkugel und ihr Hauptkennzeichen sind die sommergrünen Laubbäume.

Mitteleuropa reicht nach dem recht sachlichen Ansatz der Geografie etwa von den Alpen im Süden bis zum

▼ Bloßgestellter Fichtenforst im Forstenrieder Park südwestlich von München

55. Breitengrad im Norden. Nun herrscht in diesem Raum nicht überall dasselbe Klima, doch überall dauern die Zwischenjahreszeiten Frühling und Herbst recht lange. Sie geben den Bäumen länger Gelegenheit, zu wachsen und zu gedeihen.

Die Wälder der Bundesrepublik Deutschland und der Schweiz nehmen jeweils etwa ein Drittel der Landesfläche ein, weit höher liegt mit 47,6 Prozent der Waldanteil Österreichs. Innerhalb dieser Staaten gibt es mehr oder weniger deutliche Unterschiede nach Regionen, gemeinsam ist ihnen die Tendenz zu mehr Wald. Sie ist in der Schweiz und Österreich stärker ausgeprägt. Dort schlägt die Aufgabe von Almflächen zu Buche, von denen der Wald wieder Besitz ergreift.

Vielleicht überrascht manchen Leser der teils große Anteil des Privatwalds. Schon in der EU beträgt er insgesamt sechzig Prozent, in Österreich sind sogar 82 Prozent in privater Hand. In Deutschland sind es 48 Prozent, in der Schweiz nur 27 Prozent.

Nun ist Wald nicht gleich Wald. Der einzige europäische Urwald im strengen Sinn ist der Białowieża-Nationalpark im Grenzgebiet von Polen und Weißrussland. In Österreich ist es der „Urwald Rothwald" im Wildnisgebiet Dürrenstein (Bundesland Niederösterreich). Mit seinen bescheidenen fünfhundert Hektar gilt er dennoch als „größter Urwald Mitteleuropas". Seit dem 13. Jahrhundert soll der „Fichtenurwald Scatlè" im Kanton Graubünden nicht mehr genutzt worden sein, für seinen Kernbereich von fünf Hektar ist das jedenfalls seit 1910 verbürgt, als er das erste Naturreservat der Schweiz wurde.

Die Abwesenheit ursprünglicher Wälder erklärt sich einerseits aus der hochgelobten Nachhaltigkeit, die lange die Holzproduktion meinte, aber auch aus der insgesamt hohen Beanspruchung des Waldes: Deutschland beispielsweise ist eines der bevölkerungsreichsten Länder Europas. Während in Schweden ganze 0,3 Einwohner auf einen Hektar Wald kommen, in Österreich zwei und in Frankreich vier, entfallen in der Bundesrepublik (statistisch gesehen) sieben Bewohner auf einen Hektar.

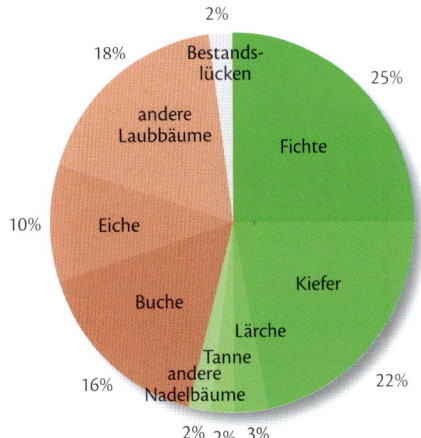

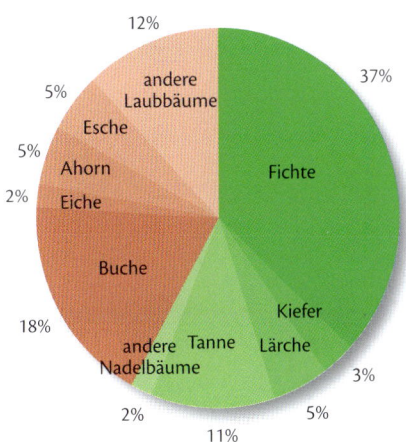

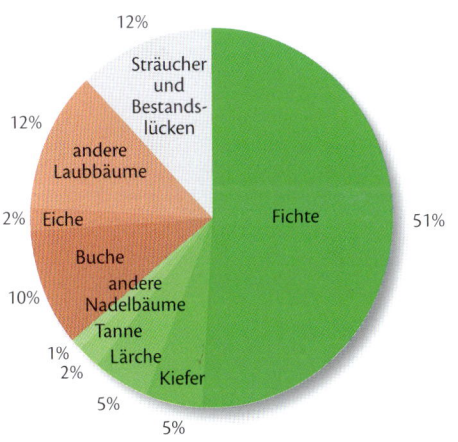

▲ Anteil der Baumarten in Prozent

Waldgrenzen

Der Begriff Kulturlandschaft mag unter seinem inflationären Gebrauch leiden. Aber er hält fest, dass Menschen unsere Landschaften seit einigen Jahrtausenden, ganz sicher seit vielen Jahrhunderten mitgestaltet haben. Und selbst ein Waldbuch darf zugestehen, dass diese Eingriffe lange den Artenreichtum mehrten.

Die Frage, wie Mitteleuropa ohne menschliches Zutun aussähe, lässt sich jedenfalls fürs Erste klar beantworten: Von Natur aus gäbe es hierzulande fast nur Wald. Kaum ins Gewicht fielen die ganz wenigen baumfreien Areale, die höchsten Erhebungen des Hochgebirges, einige Felspartien der Mittelgebirge, die Moorzentren, ganz schmale Streifen an den Küsten und natürlich die Wasserflächen.

Das gedachte Landschaftsbild mit der absoluten Waldherrschaft erscheint vielen, auch Leuten vom Fach, allerdings eintönig. Gerade die Ausnahmen reizen, sich dem Wald von seinen Grenzen her zu nähern. Für Felsen und Moore ist der Ausschlussgrund schnell genannt: Im Fall des nackten Gesteins fehlen Wasser und die nötigen Nährstoffe, wie sie der Boden bereitstellt, im Moorinneren sterben die unterirdischen Pflanzenteile wegen zu großer Nässe und Nährstoffarmut ab.

Von einer Waldgrenze zu sprechen, hat sich nur im Fall des Hochgebirges eingebürgert. Hier wird außerdem zwischen Wald- und Baumgrenze unterschieden. Darin steckt nicht nur die stets interessante Frage, wie weit unsereiner bei der Waldgrenze seine Hand im Spiel hat,

▶ Grandios zeugt das krasse Steilufer am Königssee für die Vitalität des Lebensraums Wald. Wo immer sich den Bäumen Gelegenheit bietet, reicht er bis unmittelbar ans Wasser.

▼ Ein Blick von der Aidlinger Höhe auf die Waldgrenze im Wettersteingebirge

Waldhistorie

Die Rolle der großen Pflanzenfresser

Seit einiger Zeit macht eine Theorie von sich reden, die dem etablierten Waldverständnis seine einseitige Ausrichtung auf die Pflanzenwelt vorwirft. Das Modell der potenziell natürlichen Vegetation ließe die großen Pflanzenfresser (die Megaherbivoren) unberücksichtigt. Dabei hätten sie lange vor dem Menschen das Waldbild nachhaltig geprägt, wie heute noch jeder Wald mit hohem, genauer zu hohem Wildbestand zeige.

Demnach war der Ur-Wald ein Ur-Park, jedenfalls eine parkartig aufgelichtete Waldlandschaft. In ihr hätten Hirsch und Wildschwein, aber auch Ur, Wisent oder Biber für viel mehr Frei- und Zwischenräume gesorgt, als sich die Konstrukteure einer Ur-Natur auf allein pflanzlicher Basis träumen ließen. Wirkungsvoll kann diese Theorie von dem Hinweis flankiert werden, dass ein geschlossener Wald zwangsläufig eine Verarmung der Flora nach sich zieht. Und ein sprunghafter Anstieg der Biodiversität (biologische Vielfalt) sei eben nicht erst der bäuerlichen Kulturlandschaft, sondern schon den tierischen Eingriffen in die Wälder zu verdanken.

▼ Obwohl die Zeit des Baumäsens vorbei ist, lässt sich der Rehbock die zarten Spitzen einer Fichte schmecken.

▲ Hier hat der Hunger den Hirsch zum Äußersten getrieben. Eine sogenannte „Winterschäle" an einer ziemlich erwachsenen Kiefer: Sich daran zu schaffen zu machen, ist ein hartes Brot.

Waldhistorie 13

Als das Vieh noch in den Wald getrieben wurde, zeigten auch die Bäume dort eine mehr oder weniger deutliche „Fraßkante". Heute laufen nur noch die Bäume im Offenland Gefahr, von Weidetieren so angefressen zu werden wie der junge Hutebaum im Hessenpark, Neu-Anspach. Jetzt allerdings schützt ihn ein Holzgatter gegen solche Attacken.

Magerrasen und -wiesen. Diese Biotope müssten mancherorts verschwinden, wenn dem Prozess der natürlichen Sukzession, der Wiederbewaldung, unbedingter Vorrang eingeräumt würde.

Tatsächlich weist die „Megaherbivorentheorie" auf eine Schwachstelle aller Waldsystematik hin. Und es müssen gar nicht die ausgestorbenen großen Tiere ins Feld geführt werden: Viel zu allmählich gerät ins Blickfeld, wie überhaupt die Fauna am Waldgeschehen teilhat, wie sie es beeinflusst.

Oft beruht die Ungewissheit hierbei schlicht auf höheren Kosten. Wenn das im Vergleich zur Pflanzenwelt ungleich größere Spektrum der Tierwelt erfasst werden soll, braucht es viel mehr Fachleute. Und häufiger können ihre Untersuchungen die Auftraggeber kaum zufriedenstellen; ein Tier ist eben nicht so streng an einen Ort gebunden wie eine Pflanze und kann im Lauf seiner Entwicklung mehrere Lebensräume bevorzugen. Ganz abgesehen davon, dass es mit der Erfassung allein nicht getan ist: Hinter ihr steht gleich die Frage nach den Folgen fürs Ökosystem, eine Frage, die sich bis in die letzten Verästelungen der Abhängigkeitsverhältnisse kaum beantworten lässt.

Aber ob nun gleich gegen „wildfreie Naturreservate" vom Leder gezogen werden muss, weil sie „wenn überhaupt nur waldbauliche, aber keine waldökologischen Erkenntnisse liefern" (Andreas Schulte), sei doch dahingestellt. Über die Rolle der großen Pflanzenfresser lässt sich bisher nur mutmaßen, und es ist nicht abzusehen, ob die pauschalen Annahmen je mit belastbaren Daten unterfüttert werden können. Zumal ja auch das Beuteschema der (längst ausgerotteten) großen Fleischfresser in den Mutmaßungen berücksichtigt werden müsste, das sicher die Zahl und das Verhalten der großen Pflanzenfresser beeinflusst hat …

Und auch ohne die ganz großen Tiere sind unsere Wälder ja keineswegs einförmig. Genaueres Hinschauen lohnt.

Demnach haben die großen und leider aber auch großenteils ausgestorbenen Pflanzenfresser einen bedeutenden Beitrag zur Artenvielfalt geleistet. Ganz nebenbei verlieren so die allgegenwärtigen Klagen über den „Wildverbiss" an Gewicht, was manchen Jäger freuen wird. Außerdem ist die Vorstellung vom Ur-Park Wasser auf die Mühlen vieler, die sich nachdrücklich für den Erhalt wertvoller Offenland-Lebensräume einsetzen, für Heiden,

◀ Blick von der Sächsischen Schweiz auf die Elbe: Selbst auf kleinsten Felsvorsprüngen ragen einzelne Bäume in den Himmel und klammern sich im spärlichen Substrat fest.

sondern auch die generelle Frage nach der Trennschärfe dieser Grenze.

Das Thema wird uns noch in vielen Variationen begegnen: Trennschärfe ist wohl ein Anliegen ihrer Beobachter, aber keines der Natur selbst. So sehr die Darstellung der Sachverhalte nach sauberen Konturen verlangt, so wenig exakt zeichnen sie sich meist im Gelände ab. Auch die Waldgrenze ließe sich wohl nur bei extremen Bedingungen als Linie ziehen, meist verschwindet der Wald innerhalb einer Übergangszone.

Auch der Wald selbst bildet unter hiesigen Verhältnissen eine Art Grenze, die Obergrenze der Vegetation. Mehr als Wald geht nicht, unbeeinflusst entwickeln sich alle Pflanzendecken zu ihm hin. Daran ändern auch die natürlichen Katastrophen im Prinzip nichts, selbst wenn sie einen Wald zwingen, wieder von vorn anzufangen. Im Unterschied zu den Lebensräumen, die vom Menschen geschaffen wurden, erhält sich der Wald selbst, nutzt die natürlichen Produktionsmittel am wirkungsvollsten und nachhaltigsten.

Eine Frage des Standorts

Wenn der Wald das gedachte Schlussbild einer Entwicklung darstellt, dann spiegelt er auch die Summe aller Faktoren wider, die auf seinen Standort einwirken. Unabhängig von ihrem hochkomplexen Zusammenspiel lassen sich diese Faktoren ganz allgemein der belebten und der nicht belebten Umwelt zurechnen, unabhängig von den Lebewesen bestimmen Klima, Lage und Relief das Waldbild mit. Eine besondere, eine besonders wichtige Rolle spielt der Boden, hier durchdringen sich alle Wirkungskreise des Ökosystems.

▲ Im großen Eglinger Filz (Tölzer Land, Bayern) wurden Hochmoorbereiche renaturiert. Auf den wieder vernässten Flächen mussten die Gehölze aufgeben, hier wurden also dem Wald neue Grenzen gesetzt.

▲ Die häufig hohe Feuchtigkeit im Blockschuttwald zeigt ein Moosteppich, der hier Baumstämme und Steine gleichermaßen überzieht.

Der Waldboden ist nicht nur eine Schaltstelle im Stoffkreislauf, sondern wirkt weit über den Wald hinaus auf die Umwelt ein: Ganz entscheidend hängt ihre Stabilität davon ab, ob der Waldboden seine Puffer- und Reglerfunktionen erfüllen kann.

Nach allgemeinem Verständnis gehört der Boden zum Untergrund. Doch während das Festgestein leicht mehrere Millionen Jahre zählt, hat der Boden meist ein jugendliches Alter. Und während die gut gegeneinander abgesetzten Gesteinsschichten gebrochen und gefaltet, über- und untereinander geschoben sein können, liegen die Bodenhorizonte meist parallel und gehen ineinander über.

Böden entwickelten sich nach der letzten Kaltzeit, also während der letzten 10 000 Jahre. Allerdings hatte das extreme kaltzeitliche Klima ihrer Bildung vorgearbeitet, die obersten Schichten des Festgesteins waren zu Schutt zerspellt, Wind und Wasser hatten Kies, Sand- und Lössdecken abgesetzt.

Das Gestein steht am Anfang der Bodenbildung. Es wird im Laufe der Jahre überlagert, bleibt aber gegenwärtig. Ob sich der Boden über einem basenreichen Kalk- oder einem basenarmen sauren Sandstein bildet, macht einen Unterschied. Erste Lebewesen sind neben Flechten und Moosen kleine tierische Bewohner. Mit ihrem Absterben liefern sie die ersten Beiträge zum Humus, der als tote organische Substanz im Boden wieder zu verwertbaren Nährstoffen umgewandelt wird.

Dieser Prozess gehört im Bereich der Natur zu den faszinierendsten überhaupt, und es ist eigentlich ein Jammer, dass er sich dem unbewaffneten Auge derart entzieht. Betrieben wird er von einem gewaltigen Kraftwerk. Sicher ist nicht jeder Waldboden guter Waldboden,

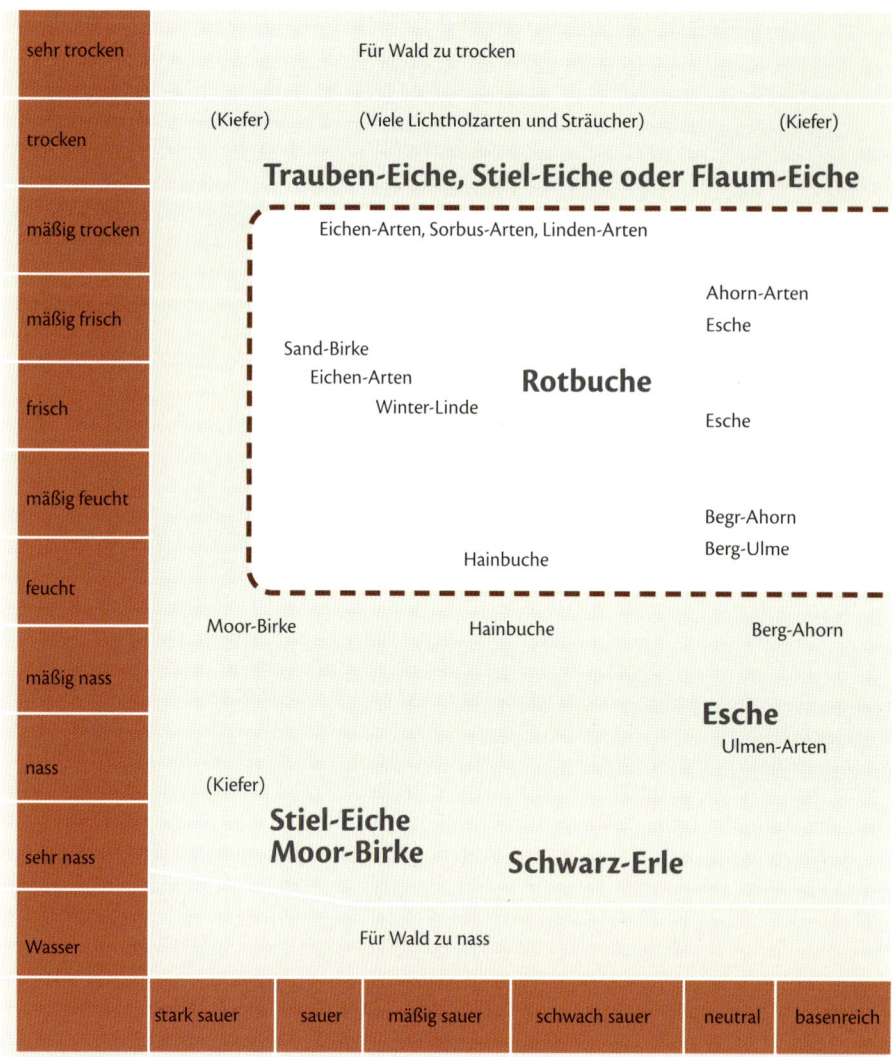

◄ Das Wald-Ökogramm skizziert die Wuchsbedingungen für die wichtigsten Waldbäume. Das große helle Feld zeigt an, wo die Buche die Vorherrschaft beanspruchen kann. Neuere Forschungen lassen sogar darauf schließen, dass die Buche in Mitteleuropa das Zeug hätte, einen noch weiteren Bereich zu dominieren. Allerdings macht gerade auch ein Ökogramm immer nur Aussagen für bestimmte Verhältnisse. Das unsere gilt für die Höhenstufe von etwa 300 bis 450 Metern der Mittelgebirge bei einem eher ozeanisch getönten Klima.

aber in einer Handvoll gutem finden sich mehr Lebewesen als Menschen auf der Erde. Dabei zählen Maulwurf und Gelbhalsmaus noch zu den Riesen, Faden-, Borsten- und Regenwürmer, Asseln oder Springschwänze immer noch zu den Großen. Der gewaltige Rest – Bakterien, Algen, Pilze – zeigt sich nur unter dem Mikroskop.

Bis der Boden einen Wald tragen und nähren kann, vergeht einige Zeit. Festes Gestein kann schon zehn Zentimeter unter der Streuschicht anstehen, ein tief strukturierter Boden bildet eine Auflage von mehr als einem Meter. Von vielen Gegebenheiten hängt ab, wie schnell er entsteht. Als ungefähre Richtgröße gilt, dass ein achtzigjähriger Mensch im Laufe seines Lebens der Bildung von etwa acht Millimeter Waldboden beigewohnt hat.

Genau genommen beginnt die Bodenbildung schon in der Streu. Intensiv mischen sich organische und mineralische Substanzen im durchschnittlich zwanzig bis dreißig Zentimeter mächtigen Oberboden, dessen dunkle Färbung auf die Huminstoffe zurückgeht. Sie leiten vom Abbau der toten organischen zum Aufbau der mineralischen Substanzen über.

Nicht bei jedem, aber bei den tiefgründiger entwickelten Bodentypen folgt dem Oberboden ein bis achtzig

Zentimeter tiefer Unterboden. Er enthält nur noch geringe Mengen Humus und ist weniger stark durchwurzelt. Je nach Bodentyp kann auch er noch größere Mengen an organischem Kohlenstoff speichern, doch fehlt ihm in der Regel die Durchlässigkeit des Oberbodens, der zur Hälfte aus (unterschiedlich großen) Poren besteht. Vielfach vernetzt, sammeln sie Wasser und Luft, wobei die Bodenluft im Vergleich zur Außenluft einen höheren CO_2-Gehalt hat. Für die Arbeitsfähigkeit eines Bodens ist wichtig, dass diese lockere Struktur erhalten bleibt.

Generell wird auf Waldböden weniger Einfluss genommen als auf Böden im Offenland, die hierzulande vielfach bearbeitet, mit einem anderen Wort: gestört werden. Allerdings erlaubten und erlauben die Verhältnisse unserer Breiten, dass der Wald auf genutzte, also Kulturlandflächen zurückkommen konnte und kann. Ob es eine schlichte Rückkehr oder eine in veränderter Gestalt war, hing von vielen Faktoren ab.

Nur sind es in aller Regel nicht die besten (im Sinne von ergiebigen) Böden, die dem Waldwuchs eingeräumt werden. Die flachgründigen Kalksteinschuttböden haben auf der Schwäbischen Alb noch heute den Beinamen „Hirnschale des Teufels", und auch ihre eingeführte Bezeichnung „Rendzina" hält die Last des Bauern gegenwärtig. Das polnische *rzedzic* meint das hässliche Geräusch, mit dem das Streichbrett der Pflugschar übers Gestein schrammt.

Aber trotz ihres hohen Steingehalts, trotz fehlenden Unterbodens tragen diese Rendzinen artenreiche Wälder. Denn sie stecken dank des hohen Basengehalts voller Leben, vor allem die Regenwürmer, genauer ihr Kot, machen sich um ihre gute Struktur verdient. Außerdem verliert sich in den Rissen und Klüften des Kalksteinschutts noch Bodensubstrat, das die Wurzeln der Bäume erreichen können.

Ganz andere Verhältnisse herrschen im Fall der Podsolböden. Auch der Begriff „Podsol" kommt aus einer slawischen Sprache, diesmal aus dem Russischen. *Pod* bedeutet „unter" und *Zola* „Asche": Gemeint ist der aschebleiche Horizont, der hier dem dunklen, schlecht zersetzten Rohhumus folgt.

Podsol entsteht über stark verwitterten sauren Ausgangsgesteinen oder Sanden, reichlich Niederschlag begünstigt seine Entwicklung. Da hier kaum Bodenleben herrscht, kommt es zu dicken Rohhumus-Auflagen, die größtenteils chemisch zersetzt werden müssen. So bilden sich Huminsäuren. Sie dringen in den Oberboden ein, versauern ihn zusätzlich, lassen seine Sand- und Tonminerale noch stärker verwittern. Mit ihnen wandern die so gelösten Eisen-, Aluminium- und Mangan-Verbindungen im Sickerwasser abwärts.

Im Unterboden, wo weniger saure Verhältnisse herrschen, lagern sich die organischen Säuren und zuvor ausgewaschenen Verbindungen wiederum an. Dieser

Pseudogleyböden

Viele Böden neigen zur – ein fürchterliches Wort – Pseudovergleyung. Pseudogley ist (im Unterschied zu dem grundwasserbestimmten Gley) ein sogenannter Stauwasserboden, er ist geprägt durch den jahreszeitlichen Wechsel von Stau- oder Haftnässe und Austrocknung.

◄ Der Podsol gehört sicher nicht zu den umgänglichsten Bodentypen, doch er besticht, vor allem frisch angegraben, durch sein Farbenspiel.

Waldböden versauern von der Streu her mehr oder weniger stark, aber das können die meisten ganz gut abpuffern. Anders liegt der Fall, wenn ein Boden über saurem Ausgangsgestein einen hohen Säureeintrag aus der Luft verkraften muss. Zwar fällt heute wesentlich weniger schwefelsaurer Regen, doch bleiben die Stickstoffeinträge unverändert hoch. So haben manche Böden immer noch sehr niedrige pH-Werte, die nicht nur dem Wald darüber zu schaffen machen, sondern auch unangenehme Folgen etwa fürs Trinkwasser nach sich ziehen können.

verkittete Sand setzt sich gegen den hellen Oberboden oft als fester, dunkler Ortstein ab, den Baumwurzeln kaum durchstoßen können. Bei guter Ausprägung kann das Profil eines solchen Bodens durchaus auch ästhetisch anspruchsvolle Zeitgenossen beeindrucken.

Auf Podsolen kann sich nur Nadelwald, können sich nur Fichten oder Kiefern behaupten. Häufig kommt es zur Heidebildung. Im Fall des Norddeutschen Tieflands wurde die Entstehung von Podsol früh durch die Menschen beschleunigt, die vom Boden mehr forderten, als er geben konnte.

Rendzina und Podsol bezeichnen die Flügel eines weiten Fächers an Bodentypen. Und auch Böden verändern sich, können im Lauf ihrer Entwicklung verschiedene Gepräge annehmen. Wenn die Ausgangsgesteine nicht krass verschieden sind, haben sie eine Tendenz zur Angleichung. Weitverbreitet sind die Braunerden, sie zeigen allerdings auch die größte Variantenvielfalt. Vitale Böden sind die neutralen bis leicht sauren, doch können gerade Baumbestände über anmoorigem Untergrund zu besonders urtümlichen Waldbildern zusammenfinden.

▲ Großzügige Kalkgaben sollen die viel zu sauren Böden puffern. Unten entlädt das Flugzeug seine Fracht über einem Fichtenbestand zwischen Satzung und Steinbach im Erzgebirge. Auch Sachsen investiert erhebliche Mittel in diese Art der Bodenverbesserung, doch noch immer sind nicht nur die erzgebirgischen Nadelwälder vom „Sauren Regen" gezeichnet.

▲ Die Heiden folgen dem Wald, oft nach einem landwirtschaftlichen Zwischenspiel. Ihr düster-melancholisches Landschaftsbild prägt der Wacholder (*Juniperus communis*). In manchen Regionen Mitteleuropas ist er neben der Eibe das einzige wirklich einheimische Nadelgehölz.

Seit den 1950er-Jahren werden besonders gefährdete Wälder gekalkt, seit den 1970er-Jahren werden dazu Hubschrauber eingesetzt. Anfangs hatten solche Einsätze noch viel von Rundumschlägen, und ein abrupter Milieuwechsel von sauer zu neutral belebte den Wurzelgrund nicht unbedingt. Doch mit den gewonnenen Erfahrungen lässt sich diese „Bodenschutzkalkung" heute so durchführen, dass ihre Risiken deutlich vermindert werden können. Noch der letzte Waldzustandsbericht der Bundesregierung empfiehlt die Kalkung.

Nur bleibt auch dieser Ausgleich ein Eingriff. Er darf nicht als probate Technik, sondern immer nur als Möglichkeit des Zeitgewinns verstanden werden. Gerade das Ökosystem Wald muss sich aus eigener Kraft erhalten können. Erste Untersuchungen im Rahmen von „BioSoil", dem europäischen Programm zur Beobachtung des Waldbodens, lassen darauf schließen, dass sich zumindest die Basensättigung der Streu erhöht hat. Eine Entwicklung, die sich hoffentlich in die Tiefe fortsetzt.

Licht und Schatten – Konkurrenz im Wald

Ein gern zitiertes Gedicht des türkischen Dichters Nazım Hikmet spricht von der menschlichen Sehnsucht, „einzeln und frei wie ein Baum", zugleich aber „brüderlich wie ein Wald" zu leben. Ein zweifellos poetisches Bild, nur trifft es die Verhältnisse im Wald nicht. Dort gibt es ausgesprochen feindliche Brüder, und das gilt keineswegs nur für die Konkurrenz der Arten untereinander, sondern auch für den Wettbewerb innerhalb derselben Spezies.

Leben wie ein Baum, einzeln und frei, und brüderlich wie ein Wald, das ist unsere Sehnsucht.

NAZIM HIKMET

Über den ganzen Waldkosmos dichtest und feinst verästelter Abhängigkeitsgefüge hat auch die Wissenschaft keinen vollständigen Überblick. Immerhin lassen sich die Ansprüche der Bäume als der augenfälligsten Waldrepräsentanten umreißen. Wenn wir mehr oder weniger einheitliche Klimaverhältnisse voraussetzen, kommt es entscheidend auf die Bodenbeschaffenheit an. Einen halbwegs gut versorgten, nicht zu nassen und nicht zu trockenen Boden würden fast alle Waldbäume – so viele sind es ja in Mitteleuropa nicht – besiedeln können.

▲ Häufiger zeigt die Moor-Birke einen so krüppeligen Wuchs wie in diesem Bruchwald. Gerade deshalb verdient Respekt, wie sie hier den widrigen Bedingungen trotzt.

▶ Auch aus einem Buchenwald lässt sich mit günstigem Lichteinfall etwas herausholen.

▲ Unter den Stiel-Eichen finden sich viele Charakterköpfe. Und dank morgendlicher Nebelschleier hat die markante Erscheinung einen noch größeren Effekt.

Das macht sich der Waldbau zunutze und fördert bestimmte Baumarten, oft unter Ausschluss anderer Gehölze, oft auch mit schönen Erfolgen beim Holzertrag, wenn der Baum dort angepflanzt wird, wo er am besten gedeihen kann.

Geht es jedoch nach der Natur, dann verfügt eben nicht jede Baumart über die gleichen Möglichkeiten, sich an einem Standort zu behaupten. Menschlich gesprochen kann der Konkurrenzkampf ganz bittere Konsequenzen haben: Viele Bäume können selbst dort nicht wachsen, wo sie am besten gedeihen könnten. Am ehesten behauptet sich, wer rasch wächst und die Wuchshöhe lange halten kann, also ein hohes Alter erreicht. Grundsätzlich haben die Schattenbaumarten, also Buche, Tanne und Linde, mehr Durchsetzungskraft als die Lichtbaumarten. Denn Schattenbaumarten haben Zeit. Ihre Vertreter können warten, bis sie genug Sonnenlicht bekommen, um in die oberste Baumschicht vorzustoßen. Und einmal vorgestoßen, werfen sie selbst so viel Schatten, dass sie den potenziellen Konkurrenten die Fotosynthese erschweren bis nahezu unmöglich machen.

Unter den meist vorherrschenden Bedingungen unserer Breiten ist die Buche jeder anderen Baumart überlegen. Tiefere, niederschlagsarme Lagen sagen mehr den Eichen zu, denen längere Trockenheit weniger ausmacht als der Buche. Auch sehr feuchte, bodensaure Bereiche kann zwar nicht die Trauben-, aber die Stiel-Eiche besser erschließen. Auf den gut basenversorgten, nasseren Böden nutzt die Hainbuche ihre Möglichkeiten sich durchzusetzen, die noch besser ausgestatteten, nicht ganz so nassen Böden begünstigen die Esche.

Und es gibt ausgesprochene Spezialisten wie die Moor-Birke, sie findet sich nur auf sehr nassen, sehr sauren Böden. Es wäre allerdings ein Trugschluss anzunehmen, dass sie allein dort wachsen könnte. Doch auf den besseren Böden gewinnen schnell ihre Konkurrenten die Oberhand. Hier macht sich die Schwarz-Erle breit, die ihrerseits der Esche den weniger wassergesättigten Untergrund überlassen muss.

Ein schönes, weil besonders krasses Beispiel liefert die Wald-Kiefer. Von ihrem Potenzial her könnte sie hierzulande fast überall wachsen. Und das tut sie auch, wenn der Waldbau ihr diese Möglichkeit einräumt. Unter natürlichen Bedingungen jedoch würde sie an den meisten Standorten von anderen Baumarten verdrängt und käme nur an den Rändern der Waldbildung zum Zuge. Dass sie sich sowohl im ganz trocken-sauren und trocken-neutralen als auch im ganz nassen sauren Bereich findet, lässt auf das weite Spektrum ihrer Möglichkeiten schließen.

Generell unterscheiden sich die Baumarten wenig in ihrem möglichen, aber stark in ihrem tatsächlichen Wuchsbereich, wenig von ihrer physiologischen, aber stark von ihrer ökologischen Amplitude. Dort, wo sie alle ihre Anlagen bestens zur Geltung bringen kann, wächst hierzulande nur die Buche, wachsen mit gewissen Einschränkungen noch Esche und Berg-Ahorn.

Aber noch einmal: Es gibt in Mitteleuropa nicht nur ausgeglichene, im Sinne von „mittlere" Verhältnisse: Auch bei uns reichen die Gebirgsregionen über die Baumgrenze hinaus. Zwar nimmt die Konkurrenzkraft

▼ Möglicherweise deuten die jungen Laubbäume im Unterwuchs darauf hin, dass der Fichtenbestand im Eibsee-Gebiet auf dem Weg zu einem naturnahen Buchenwald ist.

der Buche in den höheren Mittelgebirgsstufen eher noch zu, aber die subalpine Stufe muss sie in der Regel den Nadelbäumen überlassen. Auch gegen Osten erreichen ihre Mitbewerber höhere Anteile am Waldbild, freilich ohne dass die Buche hierzulande ihre Dominanz verliert.

Ein sehr interessantes Kapitel könnte mit den fassbaren Varianten einer Art geschrieben werden, oft „lokale Rassen" genannt. Manche Bäume zeigen die Fähigkeit, sich besonderen Bedingungen auf erstaunliche Weise anzupassen, aber noch fehlt es an zuverlässigen Übersichten. Besondere Aufmerksamkeit gilt den Formen einer Spezies, die – Stichwort Klimawandel – Trockenheit besser ertragen.

Wald ist nicht gleich Wald

Wald ist nicht gleich Wald: Auch wer als bloß Waldinteressierter die Augen offen hält, wird mit der Zeit Unterschiede wahrnehmen können. Vielleicht steht ihm sogar eine große Erfahrung ins Haus: Je besser sich die Einzelheiten einordnen lassen, desto heftiger wird die Freude am großen Ganzen. Erst der Zusammenhang macht den Wald zum Lebensraum.

Unsere Forsten allerdings kommen dem Bedürfnis nach Evidenz entgegen: Sie liefern Waldbilder von monumentaler Gleichförmigkeit. Doch wenn die Natur nur halbwegs freie Hand hat, entstehen die mannigfachsten Zusammenschlüsse mehrerer Arten. Die Spannbreite dieser Formationen ist groß: Manche weichen kaum merklich voneinander ab, manche aber schon auf kleinem Raum derart drastisch, dass die Unterschiede sofort ins Auge fallen.

▼ Hier stechen die herbstlich verfärbten Laubbäume markant vom umgebenden Nadelwald ab.

Die Wissenschaft reagiert darauf mit einer Art Gesellschaftslehre, wobei der Begriff „Gesellschaft" erklärt werden muss. Er bezieht sich hier auf die Pflanzenwelt von Lebensräumen und rechtfertigt sich aus der Beobachtung, dass unter gleichen Standortbedingungen dieselben Arten zusammenfinden. Aussagekräftig ist hier eben nicht eine einzelne Pflanze, sondern das Ensemble. Den Kernbestand einer Gesellschaft bilden ihre Charakter- oder Kennarten. Für die Zuordnung ebenfalls wichtig sind sogenannte Differenzial- oder Trennarten. Diese finden sich auch anderweitig, doch lassen sich mit ihnen sonst ähnliche Gesellschaften unterscheiden. Die ermittelten Formationen lassen wiederum auf die Eigenart eines Lebensraums rückschließen. Voraussetzung ist, dass die einzelnen Pflanzengesellschaften im Gelände genau aufgenommen werden.

Die Pflanzensoziologie als Teildisziplin der Botanik begnügt sich nicht mit der Aufstellung kleinster Einheiten, sie zielt auch darauf ab, die Gesellschaften ins große Ganze einzuordnen. (Pflanzen-)Gesellschaft bezeichnet also hier nicht das Allgemeinste, sondern das so exakt wie möglich ermittelte Besondere. Es dient als Unterbau einer Hierarchie, die zu immer höheren Stufen der Verallgemeinerung fortschreitet. Vom Konkreten zum Abstrakten geht es über die Ebenen (Sub-)Assoziation, (Unter-)Verband, Ordnung zur umfassendsten Einheit, hier Klasse genannt. Das System hat sich auf den oberen Rangstufen bewährt, auf den unteren kam und kommt es häufig zu uneinheitlichen Benennungen.

Die umfassendste, am weitesten ausdifferenzierte Klasse sind im im Kernbereich unseres Kontinents die „Europäischen Sommerwälder", wissenschaftlich benannt nach den Gattungsnamen für Eiche und Buche (Querco-Fagetea). Wie überhaupt, nimmt das Klima auch auf die Ausprägung der Wälder grundlegenden Einfluss, wichtige Faktoren sind ebenfalls Höhenlage und Boden. Dabei können schon in einem Mittelgebirge die klimatischen Verhältnisse am Nord- und Südhang eines Flusstals so stark voneinander abweichen, dass sich eklatant verschiedene Waldbilder ausprägen. Andererseits schaffen zum Beispiel die extremen, aber ziemlich gleichen Bodenverhältnisse einer Aue ganz ähnliche Wälder auch über Klimagrenzen hinweg.

Die Buche kam erst später – kleine Waldgeschichte

Aber auch ein Ur-Wald hat seine Geschichte. Auch er nimmt einen Anfang, und der liegt jedenfalls bei den hiesigen Buchenwäldern gar nicht so weit zurück …
Zunächst einmal machten die Eiszeiten gerade den Bäumen schwer zu schaffen. Zwar herrschten nicht durchgängig arktische Temperaturen, und während der Warmphasen konnten immer wieder einmal Bäume zurückkehren. Doch führten die ausgedehnten Kaltphasen zur schubweisen Verringerung der Gehölzvielfalt, die sich heute noch in der (vergleichsweisen) Baumartenarmut unserer Wälder widerspiegelt.
Vielleicht gab es für die Bäume einige Zufluchtswinkel auch an den Atlantikküsten Großbritanniens und Frankreichs, wenn ja, haben dort sicher nur ganz robuste Arten überwintern können. Generell mussten die hochwüchsigen Gehölze vor der heftigen Kälte bis ans Mittelmeer zurückweichen. Und selbst im Süden waren es recht kleine Gebiete, in denen sie sich behaupten konnten. Etliche Arten starben ganz aus.

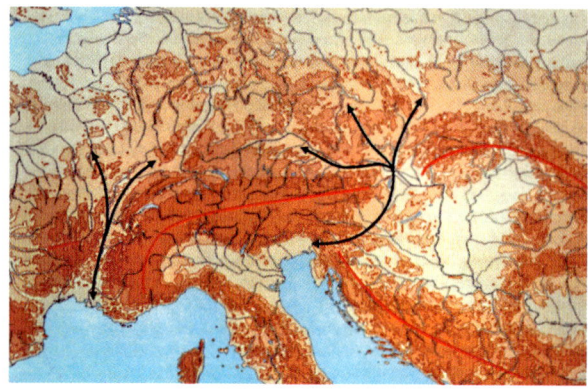

▲ Zögerliche Heimkehr: Nach der letzten Kaltzeit fanden nur wenige Bäume nach Mitteleuropa zurück. Vielen Gehölzen verlegten die Alpen den Weg, ihre Gebirgszüge mussten im Osten und im Westen umgangen werden.

Als die (vorläufig) letzte Kaltphase vor etwa 12 000 Jahren zu Ende ging, wanderten auch die Bäume erneut ein. Nur war es ein mühsamer Weg vom Mittelmeer zurück. Die Alpen stellten eine gewaltige Barriere dar. Dabei ist es ist gar nicht einmal ihre absolute Höhe, die hier so verhängnisvoll wirkt, sondern ihre West-Ost-Erstreckung. Immerhin konnte das Gebirge im Westen (Burgundische Pforte) und Osten (Wiener Becken, Donautal) umgangen werden, aber diese Ausweichstrecken forderten eben mehr Zeit.

An Gehölzen hatten damals höchstens Zwergsträucher überlebt. Für die Rückkehr des Waldes nach Mitteleuropa leisteten Birken und Kiefern Pionierarbeit. Dabei hatten die Birken ihren Schwerpunkt in den küstennahen Bereichen, landeinwärts herrschten die Kiefern vor.

Auch die folgende Warmphase brachte keinen stetigen Temperaturanstieg, nach einem Kälteeinbruch vor gut 10 000 Jahren musste sich der lichte Birken-Kiefern-Wald neu formieren. Die schnelle Erwärmung im folgenden Präboreal erlaubte dem Haselstrauch sich rasch auszubreiten, besonders erfolgreich war er im Westen Mitteleuropas. Dagegen erstarkte die Fichte im Südosten: Manche Vegetationskundler finden diesen auffälligen Unterschied in einem noch heute wichtigen pflanzengeografischen Grenzverlauf wieder.

Vor etwa 9000 Jahren – es war etwas trockener und mindestens genauso warm wie heute – begann sich der Eichenmischwald herauszubilden. Zu der namengebenden Gattung gesellten sich jetzt die lichtbedürftigen Eschen, Linden und Ahorne. Etwas früher hatte die Ulme Verbreitung gefunden, offenbar sagten ihr die Verhältnisse am Nordrand der Alpen besonders zu. Auffällig viele Linden gediehen zwischen Rhein und Maas. Das viel beraunte „8,2-Kiloyear-Event", der plötzliche Kälteeinbruch vor 8200 Jahren, beeinflusste die Waldentwicklung außer in den extremen Lagen kaum. Doch wo bleibt die Buche? Sie, die in den vorangegangenen Warmphasen kaum eine Rolle gespielt hatte, kam sehr zögerlich nach. Auch sie suchte zunächst ihren Weg durch die Burgundische Pforte westlich

Wann ist ein Wald ein Wald?

der Alpen, um sich in Schwarzwald oder Vogesen festzusetzen.

Etwa zur gleichen Zeit wanderte die Tanne ein, aber im Gegensatz zu diesem Nadelbaum tritt die Buche vor etwa 5000 Jahren einen imposanten Siegeszug an. Sie verdrängt die Eichenmischwälder, zwingt Esche, Ulme und Linde zum Rückzug. Zwar werden auch diese Bäume noch in den Buchenwäldern ihren Platz haben, aber aufs Ganze gesehen doch nur einen sehr beschränkten.

Ob und wie stark unsereiner die Ausbreitung der Buchen begünstigte, soll dahingestellt bleiben. Angemerkt sei nur, dass der Vormarsch dieses Baums zusammenfällt mit dem immer stärkeren Einwirken des Menschen auf die Landschaft. Erst unter dem Zeithorizont der schriftlichen Überlieferung greift die Buche deutlich nach dem höheren Norddeutschland aus, das heutige Schleswig-Holstein wird der Buchenwald erst im Mittelalter beherrscht haben. Und vieles deutet darauf hin, dass sich der Baum im Norden Europas noch weiter ausbreiten wird. Damit korrigiert er auch ein gängiges Verständnis von Geschichte: Sie ist keineswegs etwas, das nur hinter uns liegt.

▼ Die Alpen stellten mit dem Ende der letzten Kaltphase eine gewaltige Barriere für die meisten Baumarten dar. Hier der Blick auf das Wettersteingebirge und den Tennsee in Oberbayern.

Waldvielfalt

28 Buchenwälder | **48** Eichenwälder | **58** Nadelwälder
86 Au- und Bruchwälder | **106** Waldränder | **110** Pilze
116 Totholz

Buchenwälder

Die Vorherrschaft der Buche

Ungeachtet des zögerlichen Beginns ist die Landnahme durch den Buchenwald eine Erfolgsgeschichte sondergleichen. Buchenwälder bedecken heute weite Teile Mitteleuropas – oder könnten sie doch bedecken.

Angesichts so drückender Überlegenheit kann die Vogelperspektive nicht schaden. Denn so häufig die Rotbuche in unseren Breiten ist, aufs Weltganze gesehen behauptet sie doch nur ein recht bescheidenes Areal. Es erstreckt sich etwa von Nordspanien bis Südschweden, nimmt im Südosten Teile des Balkans ein und reicht im Süden bis Sizilien.

In Mitteleuropa aber ist die Buche von Natur aus der vorherrschende Waldbildner. Buchenwälder behaupten sich auf den unterschiedlichsten Böden und in den unterschiedlichsten Höhenstufen. Sie reichen von den Meeresküsten über das Norddeutsche Tiefland und die Mittelgebirge bis hin zu den hohen (nicht den höheren und höchsten) Lagen der Alpen. Dem entspricht die Unterschiedlichkeit der Standorte: ob nährstoffreich oder nährstoffarm, ob trocken oder mäßig feucht, ob sandiger Boden oder Schiefergestein, überall kommt die Buche zum Zuge. Nur die ganz trockenen, die ganz feuchten und die ganz nährstoffarmen Standorte lassen keinen Buchenwald zu.

Ohne Übertreibung lässt sich sagen: Buchenwälder müssten, ginge es nach der Natur, eine Fläche etwa von der Größe Frankreichs und Deutschlands einnehmen. Tatsächlich ist der Baum nur auf einem Bruchteil dieser rund 900 000 Quadratkilometer zu finden.

Fast allgegenwärtig, können Buchen unterschiedliche Gesellschaften bilden, die so zahlreich und fein gegliedert nur bei uns zu finden sind. Fazit: Mitteleuropa ist Buchenland.

◀ Herbstlicher Buchenwald im Wechsel der Jahreszeiten

▶ Solchen Stamm zeigt ein Buchen-Veteran, der, vielleicht als Grenzbaum ausgeguckt, allen Eingriffen von Menschen und Vieh – Schneiteln, Beschneiden, Verbiss – machtvoll getrotzt hat.

Nur ging die Gesellschaft, gingen Politik und Forstwirtschaft mit dieser Verantwortung lange sehr nonchalant um. An den Wirtschaftswäldern hat die Buche den kümmerlichen Anteil von kaum mehr als zehn Prozent. Immerhin zeichnet sich auch hier eine Umkehr ab. Die vielen öffentlichen Bekenntnisse zu naturnahen Waldbauverfahren haben in manchen Ländern beinahe etwas Unheimliches, sodass fast beruhigt, wenn die waldbauliche Praxis hinter den Verlautbarungen zurückbleibt.

Es gibt heute nicht nur die Naturwaldzellen, in denen jeglicher Eingriff unterbleibt, es gibt auch in Wirtschaftswäldern Inseln, auf denen der Buche ihr natürlicher Alterungsprozess zugestanden wird. Dort kann sie zusammenbrechen und modern. Wesentliche Teile seines Artenreichtums wachsen einem Buchenwald ja erst im Alter, vor allem aber in der sogenannten Totholzphase zu.

Vielfalt der Buchenwälder

Gerne wird für die Buchenwälder der Vergleich mit dem Dom bemüht, mit den gleich hohen, geraden Stämmen als Säulen und den Baumkronen als Gewölben. Sehr

häufig wird auch von Hallenwäldern gesprochen, und womöglich unterstreicht die lautliche Nähe von Halle und Hall die Beobachtung ihrer leeren Weite noch.

Nun kann die Aus- und Aufgeräumtheit von Buchenbeständen schlicht eine Folge ihrer Bewirtschaftung sein, im sogenannten Altersklassenwald sind die gleich alten Bäume auch gleich hoch gewachsen. Andererseits ist die Buche ein gewaltiges Schattholz: Auch in Buchenurwäldern stehen oft vier bis fünf Exemplare zusammen, unter deren imposanten Kronen kein anderes Gehölz aufkommt, auch der eigene Jungwuchs nicht. Doch die unumschränkte Herrschaft gleich hoher Bäume geht nicht, so weit das Auge reicht, sie prägt nicht das Bild des ganzen Waldes.

Immerhin: Wer aus dem gleißenden Licht eines Hochsommertags in den Dämmer tritt, der einem dicht geschlossenen Buchenlaubschirm geschuldet ist, wird sich dem Eindruck einer Halle kaum erwehren können. Aber wer die Buchenwälder näher kennenlernen will,

▶ Der Keim als Hoffnungsträger: Die Buche ist ein „Schläfer". Will sagen, sie kann Jahrzehnte als kleiner Baum im Unterwuchs ausharren, bis ihr endlich ein Riss im Kronendach genug Licht gibt, um in die Höhe zu wachsen.

sollte das unbedingt im Frühling tun: Dann fallen die Unterschiede zwischen ihnen stärker ins Auge.

Es empfiehlt sich, den Blick auf den Boden zu richten. Denn dort zeigen die krautigen Pflanzen am zuverlässigsten an, ob eine Buchenwaldformation von der anderen abweicht – stets vorausgesetzt, die Bäume haben ein gewisses Alter. Ganz junger Buchenwuchs lässt kaum eine Krautschicht zu.

Bodensaure Buchenwälder

Wie Buchenwald nicht gleich Buchenwald ist, ist auch nicht jeder Buchenwald gleich artenreich. Am spärlichsten ausgestattet sind die Silikat-, Moder- oder bodensauren Buchenwälder, wobei die drei Namen ein und

Erweitertes Welterbe – „Alte Buchenwälder Deutschlands"

Die „Buchenurwälder der Karpaten" (auf dem Staatsgebiet der Slowakischen Republik und der Ukraine) standen als UNESCO-Naturerbe bereits seit einigen Jahren fest, und seit 2011 wird diese Welterbestätte ergänzt um fünf bundesdeutsche Buchenwald-Gebiete in den Nationalparks Jasmund und Müritz (beide Mecklenburg-Vorpommern), Hainich (Thüringen) und Kellerwald-Edersee (Hessen), hinzu kommt der Grumsin im UNESCO-Biosphärenreservat Schorfheide-Chorin (Brandenburg).

▲ Ein Hainsimsen-Buchenwald bietet keine auf den ersten Blick attraktive Krautschicht. Nur etwa zehn Arten können sich hier behaupten. Doch wenn sie vollständig beisammen sind, wäre diese Waldgesellschaft vorzüglich ausgestattet, also ein wertvoller Lebensraum. Hier Buchen im Nationalpark Kellerwald-Edersee, Hessen.

dieselbe Standortsituation nur verschieden beleuchten: Diese Wälder wachsen auf nährstoff- und basenarmen Böden, die sich über sauren Gesteinen wie Grauwacke, Tonschiefer, Quarziten oder Sandstein entwickeln. Nur wenige Kräuter und Sträucher kommen hier mit den ungünstigen Bedingungen zurecht. Das saure Milieu macht auch jenen Organismen das Leben schwer, die als Zersetzer zu den wichtigsten Garanten der Bodengüte gehören. Überhaupt wirken sich diese Verhältnisse auch auf die Tierwelt aus, so sind hier etwa die kalkbedürftigen Gehäuseschnecken kaum zu finden.

Buchenlaub vergeht nur langsam, aber auf den sauren Böden vergeht es besonders langsam. Die Lagen kaum verwester Blätter können eine mächtige Schicht bilden, und oft tragen diese Waldböden das ganze Jahr hindurch ihr Rostbraun. Diesem Moderhumus verdanken die bodensauren Buchenwälder ihren weiteren Namen.

Repräsentativer Vertreter dieser Wälder ist der Hainsimsen-Buchenwald. Seine einzige Kennart, die Weißliche Hainsimse (*Luzula luzuloides*), gehört zu den Binsengewächsen, sucht aber die trockeneren und schattigeren Standorte. Er hat von Natur aus den höchsten Anteil an den hiesigen Buchenwäldern, doch gerade er beherbergt nur ein enges Spektrum anderer Pflanzenarten.

Buchenwälder **33**

▼ Besonders in bodensauren Buchenwäldern gedeiht die Heidelbeere, wegen ihrer Fruchtfarbe auch Blaubeere (*Vaccinium myrtillus*) genannt.

Höhenstufen gelegentlich durch Stiel- oder Trauben-Eiche bereichert wird, treten weiter oben Fichte und Weiß-Tanne hinzu. In den Tieflagen Norddeutschlands ersetzt ein Süßgras namens Geschlängelte oder Drahtschmiele (*Deschampsia flexuosa*) öfter die Hainsimse. Und je höher ein Wanderer durch den bodensauren Buchenwald bergan steigt, desto häufiger wird er auf die Heidelbeere (*Vaccinium myrtillus*) treffen. Oberhalb von 500 Meter kann sich der rare Sprossende Bärlapp (*Lycopodium annotinum*) im Hainsimsen-Buchenwald einfinden.

Und sind einmal die Augen auch für weniger krasse Wechsel im Pflanzenkleid geschärft, dann hat es seinen eigenen Reiz zu beobachten, wie genau selbst ein artenarmer, bodensaurer Buchenwald veränderte

Allerdings folgt schon aus seiner weiten Verbreitung, dass er ganz verschiedene Varianten und Untervarianten ausbilden kann. Selbst in der Baumschicht kommt es zu Veränderungen: Während sie auf den niedrigeren

▲ Auch in bodensauren Buchenwäldern zu finden: der Wurmfarn (*Dryopteris filix-mas*), hier vertreten durch ein junges, noch eingerolltes Blatt.

◄ Sprossender Bärlapp (*Lycopodium annotinum*), dessen Vorfahren vor 300 Millionen Jahren noch zu riesigen Bäumen heranwuchsen und der so gesehen nur noch ein Schatten seiner Ahnen ist. Er steht auf den Roten Listen der bedrohten Pflanzenarten.

Ilex – die Stechpalme

HOLLY.
Ilex Aquifolium.

Die Stechpalme *(Ilex aquifolium)* ist immergrün, aber kein Nadelbaum, sie sticht, hat aber weder Dornen noch Stacheln. Die dunkle Oberseite ihres Laubs glänzt, als sei sie mit einer Lackschicht überzogen. Und die Leuchtkraft der korallenroten Früchte sucht hierzulande ihresgleichen: Unter den Wildpflanzen unserer Breiten nimmt sich die Stechpalme aus wie ein Exot.

Tatsächlich weisen die Botaniker häufig auf den „tropischen Verwandtschaftskreis" der Stechpalme hin. Der prominenteste Vertreter ist übrigens der *Ilex paraguariensis* aus den Subtropen Südamerikas. Seine Blätter, heute die seiner Zuchtformen, liefern den Mate-Tee. Dennoch gehört die Stechpalme zu den ursprünglichen Gehölzen der heimischen Flora, in den westlichen Alpen dringt sie in Höhen über 1500 Meter vor. Nach Osten reicht ihr Areal jedoch nicht weit, sie ist auf ozeanisches Klima mit den milderen Wintern und mäßig temperierten Sommern angewiesen.

Standortbedingungen widerspiegelt. So finden sich auf den Schatthängen und dort besonders im unteren Bereich manche Farn-Trupps, die hier von der besseren Wasserversorgung profitieren. Meist bestehen sie aus den weniger anspruchsvollen, also insgesamt häufigeren Arten, wie dem Gemeinen Frauenfarn *(Athyrium filix-femina)* oder dem Wurmfarn *(Dryopteris filix-mas)*. Doch auch der schon seltenere Eichenfarn *(Gymnocarpium dryopteris)* kann hinzukommen.

Und wo der Wind viel Falllaub angeweht hat, bildet der Wald-Schwingel *(Festuca altissima)* oft bemerkenswert vitale Horste. Das flach ausgebreitete Wurzelwerk zieht sich vorwiegend durch die unteren Schichten des Moderhumus, sodass sich die einzelne Pflanze ganz leicht hochheben lässt. Allerdings fehlt dieses Gras im Tiefland und kontinentales Klima sagt ihm wenig zu. Noch ozeanischer liebt es die Stechpalme *(Ilex aquifolium)*, die in den artenarmen Buchenwäldern des Hügellands durch ihr Immergrün auf sich aufmerksam macht.

Buchenwälder auf basenreicheren Böden

Die basenreicheren Böden verfügen über einen wesentlich besser aufgeschlossenen Humus, deshalb kann er die Gewächse auch besser versorgen. Sie geben einer mannigfaltigen Pflanzenwelt Raum, manche Arten dieser Wälder gehören zu den großen Seltenheiten der heimischen Flora. Und einige Angehörige ihrer Krautschicht haben eine erfolgreiche Strategie entwickelt, um das Problem des dicht geschlossenen Laubdachs oben (also höchst ungünstiger Lichtverhältnisse unten) wenn schon nicht zu lösen, dann doch zu umgehen.

Der Waldmeister *(Galium odoratum)* gehört zu den prominenten Kräutern, nur verdankt er seine Bekanntheit mehr der Maibowle als den Buchenwaldgesellschaften, die mithilfe seines Namens gegen andere abgegrenzt werden. Dabei ist das kleine, aromatische Labkrautgewächs weitverbreitet, und zu Recht gibt es den

Buchenwälder 35

hierzulande zweithäufigsten Buchenwaldformationen das fachbegriffliche Profil. Allerdings steht ihre saurere Spielart noch den krassen Moderbuchenwäldern sehr nahe, und trefflich lässt sich darüber streiten, ob sie der einen oder der anderen Einheit zugeschlagen werden soll. Generell sind die Böden der Waldmeister-Buchenwälder besser mit Wasser versorgt, und der Rohhumus ist besser zersetzt. Und wer hier neben dem Waldmeister noch das Buschwindröschen *(Anemone nemorosa)* oder das Waldveilchen *(Viola reichenbachiana)* erkennt,

▶ Das Waldveilchen *(Viola reichenbachiana)* gehört zum Ensemble der Buchenwälder auf besseren Böden.

▼ Regelrechte Blütenteppiche bildet das Buschwindröschen *(Anemone nemorosa)* im zeitigen Frühjahr.

darf ziemlich sicher sein, einen wirklichen Waldmeister-Buchenwald vor sich zu haben.

Frische Kalkbuchenwälder

Mit den Gesellschaften des Frischen Kalkbuchenwalds sind die Buchenwälder auf der Höhe ihrer Möglichkeiten; frisch meint hier, dass der Waldboden gut durchfeuchtet ist. Sein Humus ist vom Moder zum Mull fortentwickelt, der mehr Nährstoffe bereitstellt. Ihren Namen verdankt die Einheit jedoch dem tieferen Untergrund. Denn ihre feste Basis ist das Kalkgestein beziehungsweise der Dolomit, bei dem das Kalzium zu großen Teilen durch Magnesium ersetzt ist. Der gute Boden wurde gern von Land- und Forstwirtschaft in Anspruch genommen, der Wald musste weichen. So überlebten diese Buchenwaldgesellschaften oft nur auf den steileren Hängen. Immerhin kommt aus Bayern die Nachricht, dass sie dort wieder an Fläche hinzugewinnen.

Gemessen am Artenreichtum dieser Einheit mag erstaunen, wie souverän die Rotbuche auch hier die

Baumschicht beherrscht. Dabei zeigt sich mancher Eschen- und Berg-Ahorn-Schössling, aber nur ganz wenigen gelingt es, in die Baumschicht vorzustoßen, die meisten gehen später an Lichtmangel ein. Auch Sträucher gibt es nur wenige, darunter den Seidelbast (*Daphne mezereum*) mit dem betörenden Duft seiner ebenso frühen wie schönen Blüten und das Pfaffenhütchen (*Euonymus europaeus*) mit der kessen Birettform seiner Fruchtkapseln.

Aber die Krautschicht: Während sie in den bisher vorgestellten Buchenwäldern oft dürftig ausfiel, kann hier etwa das Wald-Bingelkraut (*Mercurialis perennis*) große Bestände bilden. Der anspruchsvolle Aronstab (*Arum maculatum*) wächst zahlreich, und das Gelbe Windröschen (*Anemone ranunculoides*), die nahe, aber sehr viel seltenere Verwandte des weißblütigen Buschwindröschens, kann häufiger entdeckt werden.

So unauffällig die Gräser sind, eignen sie sich dank ihres großen Arten- und Anspruchspektrums doch besonders, um den Wechsel von Standortbedingungen zu erfassen. Sie sind damit eine große Hilfe bei der genaueren Ansprache der Pflanzengesellschaften. Hier ist es die Wald-Haargerste (*Hordelymus europaeus*), nach der manche Botaniker denn auch die Frischen Kalkbuchenwälder benannt wissen wollen. Das Gras ist übrigens auch in dieser Einheit nicht überall häufig, zeigt aber eine ausgesprochene Vorliebe für sie. Und wo die Wald-Haargerste völlig fehlt, wie etwa an der nordwestlichen Verbreitungsgrenze des Buchenwaldtyps, gibt es genug Trennarten, die eine zuverlässige Ansprache erlauben. Im Westen fehlen manche botanische Charakterköpfe weitgehend, etwa die Haselwurz (*Asarum europaeum*) und vor allem das Leberblümchen (*Hepatica nobilis*), vielfach auch die Frühlings-Platterbse (*Lathyrus vernus*). Dagegen reicht die schon erwähnte Stechpalme nur an den Küsten ein wenig weiter nach Osten. Allerdings macht sie dort gegenwärtig deutliche Fortschritte, die sehr wahrscheinlich auf den Klimawandel zurückzuführen sind.

Namentlich im Frühling laufen die Frischen Buchenwälder über Kalk zu großer Form auf. Eine besondere

▶ Beim Märzenbecher (*Leucojum vernum*) sagt schon allein der Name, dass er zu den Frühblühern im Buchenwald gehört.

Listiger Aronstab

Der Aronstab (*Arum maculatum*) gehört zu den auffälligsten Erscheinungen unserer Laubwälder-Flora. Sein großes Blütenhüllblatt ist Teil einer raffinierten Vorrichtung, deretwegen die Pflanze auch „Kessel-Gleitfallenblume" genannt wird. An der glatten Wand rutschen die Insekten ins Innere der Blüte. Dort werden sie durch Reusenhaare so lange gefangen gehalten, bis sie mit Blütenstaub gepudert sind und die nächste Pflanze bestäuben können. Im Bild unten: ein Querschnitt des Aronstabs.

Rolle spielen jetzt die sogenannten Geophyten. Wörtlich übersetzt sind das die Erdpflanzen, definiert als krautige Gewächse, bei denen die Erneuerungsknospen unterirdisch angelegt sind. Ihre Nahrungsreserven sammeln sich in Zwiebeln, Knollen oder Wurzelstöcken, dort werden sie lange vorrätig gehalten. Denn mit den ersten warmen Tagen im Jahr sind sie zu einer gewaltigen Energieleistung aufgerufen: Die Geophyten müssen ihr Blühen und Fruchten hinter sich haben, ehe der Kronenschluss den Waldboden so stark verdunkelt, dass sie nicht mehr oder nicht mehr genug Fotosynthese betreiben können.

Es sind höchstens gut drei Monate, die ihnen für das Durchlaufen (wirklich ein Laufen) ihres Vegetationszyklus, also für ihr aktives Leben bleiben. Etliche sind im Juni dann wie vom Erdboden verschluckt, und das Welken ihrer Blätter hat die Melancholiker unter den Pflanzenliebhabern schon im Lenz in herbstliche Stimmung versetzt. Geophyten wachsen auch in anderen Wäldern, sehr gern in den Hartholzauwäldern, aber sie prägen doch auch die Krautschicht der Frischen Kalkbuchenwälder. Allen voran blüht der Märzenbecher (*Leucojum vernum*). Das Amaryllisgewächs ist keineswegs häufig, aber wo es auftritt, kann es imposante Bestände bilden. Einen wunderschönen Blühaspekt bietet ebenfalls der Hohle Lerchensporn (*Corydalis cava*), dessen Weiß und Violett den Waldboden manchmal wie ein Teppich überzieht.

▲ Wald-Ziest (*Stachys sylvatica*, oben) – an seinem Blütenstand sitzt der Kleine Kohlweißling.

◄ Auch das Scharbockskraut (*Ranunculus ficaria*) gehört zu den typischen Waldpflanzen.

Bärlauchreicher Buchenwald

Der Anblick eines Bärlauchreichen Buchenwalds lässt nicht nur das Herz der Küchenmeister höherschlagen: Im noch winterlichen Wald schiebt sich dieses zarte Grün so dicht an dicht aus dem welken Falllaub, als hätte es nie eine kalte Jahreszeit gegeben. Manche meinen angesichts der Blätter, das (giftige) Maiglöckchen (*Convallaria majalis*) vor sich zu haben, doch klärt ein wenig Reiben an der Oberfläche auf: Hier sprosst der Bärlauch (*Allium ursinum*).

Er gehört heute zu den bekanntesten Waldpflanzen, der ebenso in den Auwäldern (auch der Ebene) zu Hause ist. Im Frischen Kalkbuchenwald bevorzugt er die nordexponierten Mittelgebirgshänge: Denn er braucht einen nährstoffreichen Wurzelgrund ebenso wie eine hohe Boden- und Luftfeuchtigkeit. Möglicherweise findet der Bärlauch diese Bedingungen zunehmend vor, jedenfalls hat er während der letzten Jahrzehnte an Fläche hinzugewonnen. Oft wächst der Bärlauch derart üppig, dass er die anderen Frühblüher der Waldgesellschaft kaum zur Geltung kommen lässt. Aber häufig begleiten die Geophyten Wald-Goldstern (*Gagea lutea*), Scharbockskraut (*Ranunculus ficaria*) und Moschuskraut (*Adoxa moschatellina*) das Lauchgewächs. Vom Olfaktorischen her inszeniert der Bärlauch noch sein oberirdisches Absterben höchst effektvoll. Erst wenn er den Waldboden geräumt hat, können Wald-Ziest (*Stachys sylvatica*), Hexenkraut (*Circea lutetiana*) und das Springkraut mit den sprechenden Namen „Rühr mich nicht an" (*Impatiens noli-tangere*) wirklich ins Auge fallen.

Orchideen-Buchenwald

Es ist Zeit, von den Grenzen der Rotbuche zu sprechen – wobei sich ihre Vitalität auch daran erweist, wie sie sich selbst an diesen Grenzen behauptet. Weniger sagen ihr die nach Süden ausgerichteten Hänge der Kalkgebiete zu. Zur geringmächtigen Bodendecke kommt hier die ungünstige Wasserversorgung: Zu schnell versickert der Niederschlag im klüftigen Gestein. Aber sogar an diesen Standorten beherrscht die Buche das Feld. Nur eben nicht mehr ganz so souverän: Sie wird hier allenfalls 15 bis 20 Meter hoch, und die Bäume stehen so weit auseinander, dass sie kein geschlossenes Kronendach mehr bilden. Ziemlich regelmäßig treten jetzt die beiden Eichenarten, der Feld-Ahorn (*Acer campestre*) oder die Mehlbeere (*Sorbus aria*) hinzu. Auch die Sträucher haben jetzt Gelegenheit, stärker das Waldbild zu

Waldteppiche aus Bärlauch

Die mancherorts sehr dynamische Ausbreitung des Bärlauchs bringt die Botaniker ins Grübeln. Ursachen werden erwogen, und natürlich wird mit dem Klimawandel auch der gegenwärtig Hauptverdächtige vorgeführt. Weiterhin könnte der erhöhte Nährstoff-Eintrag aus der Luft eine Rolle spielen, denn die Art profitiert von gut versorgten Böden.

Möglicherweise hat aber zum vermehrten Auftreten des Bärlauchs beigetragen, dass der Mensch die Baumbestände weniger beansprucht. Wenn etwa eine Niederwald-Nutzung aufgegeben wird, kommt das dem zuvor stark mitgenommenen Boden zugute. Dann kann über Jahrzehnte ein Prozess einsetzen, der nicht nur das Gesicht des Waldes, sondern auch dessen Artenspektrum stark verändert. Ein buchenreicher Hochwald hat ein anderes Binnenklima als ein Eichenschälwald, ein Binnenklima, das den Bärlauch schon dank der höheren Luftfeuchtigkeit begünstigt.

Allerdings hat die erfreuliche Zunahme der Art eine Kehrseite: Bärlauch macht sich häufiger auf Kosten anderer, mindestens ebenso seltener Pflanzen breit. Nach heutigem Kenntnisstand schadet es jedenfalls nichts, frischen Bärlauch für die heimische Küche zu ernten. Die Haute Cuisine hat ihn gehätschelt. Und viele Feinschmecker stellen ihn über den Knoblauch, dabei ist es ein Gerücht, dass er nicht so hartnäckig rieche wie die Kulturpflanze.

bestimmen. Es sind ausgesprochen lichthungrige darunter, wie der Wollige Schneeball (*Viburnum lantana*), Liguster (*Ligustrum vulgare*) oder die Feldrose (*Rosa arvensis*).

Natürlich müssen hier die Frühblüher des Frischen Kalkbuchenwalds die Waffen strecken. Dafür finden sich viele Süßgräser und Seggen, die zu den Sauergräsern gestellt werden. Zuweilen heißt diese Waldgesellschaft auch Seggen-Buchenwald nach der Weißen Segge (*Carex alba*), die jedoch im gesamtem Nordwesten Deutschlands nicht vorkommt. Wo es besonders trocken, die Hänge also besonders steil, die Bodenkrume besonders dünn ist, finden sich viele Pflanzen der wärmeliebenden Saumgesellschaften, zu ihnen gehören Blütenschönheiten wie die Pfirsichblättrige Glockenblume (*Campanula persicifolia*) und der Blut-Storchschabel (*Geranium sanguineum*) mit dem brillanten Rotviolett seiner Kronblätter.

Vor allem aber wachsen hier Orchideen. Diese Familie ist insgesamt mehr oder weniger streng geschützt und gilt allgemein als spektakulärste unserer Flora. Und seit je gilt ihr das besondere Engagement der Pflanzenfreunde, in Deutschland und der Schweiz gibt es Vereine, die sich ihrem Schutz, vor allem der Pflege ihrer Standorte, widmen. Im Unterschied zu ihren Verwandten aus den Regenwäldern sind die Orchideen Mitteleuropas keine Epiphyten, wachsen also nicht auf anderen Gewächsen, sondern wurzeln im Erdreich. Sie sind jedoch auf die Lebensgemeinschaft mit einem Pilz angewiesen, um gedeihen zu können (sie sind mykotroph).

Viele Orchideen sind an Kalk gebunden, viele brauchen das Offenland. Zweifellos zum Orchideen-Buchenwald gehören jedoch Kleinblättrige Sumpfwurz (*Epipactis microphylla*), Weißes Waldvöglein (*Cephalanthera damasonium*) und als ganz große Kostbarkeit dessen nahe Verwandte, das Rote Waldvöglein (*Cephalanthera rubra*).

Noch stärkere Aufmerksamkeit findet zweifellos der Frauenschuh (*Cypripedium calceolus*). Seine Blüten können sich ohne Weiteres mit denen der tropischen Orchideen messen: Folgerichtig spielt der Wortteil „Cypri-" auf einen Beinamen der griechischen Liebesgöttin Aphrodite an. Seine Blütenschönheit hat dem Frauenschuh manches natürliche Vorkommen gekostet, immer noch wird die Pflanze ausgegraben. Im Übrigen wächst sie nicht immer dort, wo die reine Lehre sie ansiedelt, in Baden-Württemberg beispielsweise finden sich starke Bestände in Nadelholzforsten. Dagegen gehören sie in den Schneeheide-Kiefernwäldern etwa des Tiroler Lechtals zur ursprünglichen Ausstattung.

Manche Orchideen bilden kein oder ganz wenig Blattgrün, sie leben wie erwähnt nur dank der Vorarbeit von Pilzen. Diese bereiten tote organische Substanz für sie zu Nährstoffen auf, über die Pilze vermittelt zehren sie vom Humus. Noch einen Schritt weiter geht offenbar die Vogel-Nestwurz (*Neottia nidus-avis*). Sie ernährt sich nicht nur mithilfe eines Pilzes, sondern auch von einem Pilz. In den äußeren Rindenschichten ihres nestartig verflochtenen Wurzelwerks bereitet der zunächst die Nährstoffe auf, um weiter innen selbst verdaut zu werden.

◀ Eine hinreißende, fast schon mythische Pflanze ist der streng geschützte Frauenschuh (*Cypripedium calceolus*), der vielerorts ausgerottet wurde. Wenn irgendeine, dann kann es die Blüte dieser heimischen Orchidee mit den spektakulären Blumenkronen ihrer exotischen Verwandten aufnehmen.

Tannen-Buchenwälder

Besonders im Frühjahr bieten die Tannen-Buchenwälder ein ganz eigentümliches Bild. Jetzt mischt sich das lichte Grün des jungen Buchenlaubs mit dem tief dunklen der Tanne (Abies alba); umso heftiger wird mancher Waldläufer die Forstwirtschaft verdächtigen, hier ihre Hand im Spiel zu haben. Der unvertraute Anblick bestärkt nur noch den Eindruck, dass Laub- und Nadelbäume durch Welten getrennt sind.

Aber als Tannen-Buchenwälder finden sie unter bestimmten Voraussetzungen doch zu einer natürlichen Waldgesellschaft zusammen. Nachdrücklich hat der renommierte Vegetationskundler Heinz Ellenberg (1913–1997) auf die „vielen Beziehungen" der beiden Baumarten hingewiesen, von allen Nadelhölzern stehe die Tanne den Laubhölzern am nächsten. Übrigens leidet sie von allen Koniferen auch am stärksten unter Wildverbiss.

Der Waldtyp tritt in den mittleren Höhenlagen auf und hat eine schwache Tendenz zu den besser basenversorgten Böden. Er reicht kaum tiefer als 400 Meter hinab und nicht höher als tausend Meter hinauf. Ausgesprochene Kennarten fehlen ihm, doch gibt ihre Baumschicht der Gesellschaft genug Profil.

Subalpiner Ahorn-Buchenwald

Der Subalpine Ahorn-Buchenwald nimmt nur selten größere Flächen ein. Er verdient jedoch Erwähnung, weil hier die Buche nicht nur an ihre Grenze, sondern auch an die Waldgrenze geht. Bis etwa 1500 Meter, in den Westalpen auch bis 1600 Meter, steigt die Gesellschaft. Und noch immer herrscht keine völlige Klarheit über die Bedingungen, die der Buche diesen Aufstieg erlauben, die ihr so weit nach oben einen Konkurrenzvorteil gegenüber den Koniferen verschaffen. Einiges spricht für das ozeanische Klima als ausschlaggebenden Faktor. Wo der Subalpine Buchenwald – wie häufiger in

▼ Der Große Ahornboden in der Eng im Karwendelgebirge, Tirol, liegt auf 1200 Meter Höhe und hat seinen Namen vom Berg-Ahorn, der auf den hiesigen Almwiesen seit Jahrhunderten dem Vieh Schatten spendet. Dieses grandiose Naturdenkmal zu erhalten, kostet einige Mühe.

den Westalpen oder selten im Hochschwarzwald – vorkommt, herrschen relativ milde Winter und eine durchgängig hohe Luftfeuchtigkeit. So werden die Koniferen geschwächt, weil ihnen das Grün erhalten bleibt und die Nadeln für Pilzbefall anfällig sind. Allerdings bleibt hier die Buche weit unter ihren durchschnittlichen Wuchshöhen und wirkt oft geradezu krüpplig. Sie lässt anderen Gewächsen viel Raum, schon in der Baumschicht ist mit dem Berg-Ahorn (Acer pseudoplatanus) ein anderes Gehölz gut vertreten. Fast immer zeugt eine gekrümmte Stammbasis vom Schneedruck, und die hohe Luftfeuchtigkeit fördert einen reichen Behang durch Flechten und Moose, die diesen Waldpartien ein urtümliches Aussehen geben können.

Lichter Bestand und nährstoffreicher Boden wirken zusammen, um die hochwüchsigen Stauden vorteilhaft ins Waldbild zu setzen, gesellschaftsfähig ist vor allem

42 WALDVIELFALT

◄ Hier sitzt eine Lederwanze (*Coreus marginatus*) am Alpen-Sauerampfer (*Rumex alpestris*), und zeigt ganz nebenbei, dass manche Wanzen – trotz des grottenschlechten Images dieser Gruppe – durchaus ansehnliche Tiere sind.

der Alpen- oder Berg-Sauerampfer (*Rumex alpestris*). Als besonders schöne Art im subalpinen Buchenwald erscheint die Akeleiblättrige Wiesenraute (*Thalictrum aquilegifolium*). Häufig findet sich der Graue Alpendost (*Adenostyles alliariae*) ein, ebenso der Alpen-Milchlattich (*Cicerbita alpina*). Früher sahen ihn die Bergbauern gern, glaubten sie doch, er steigere die Milchleistung ihrer Kühe.

Schluchtwälder – edles Holz auf steilem Hang

Schon seine Namen klingen verheißungsvoll. Edellaubholzwald heißen diese Gesellschaften oft, oder nach ihrem augenfälligsten Standort Schluchtwald. Doch muss es nicht immer eine Schlucht sein. Auch einseitige Lehnen können diesen Waldtyp tragen, sofern sie nach Norden oder Nordosten ausgerichtet, schattig, sicker- und luftfeucht sind. Oft haben sich an den Abhängen größere Gesteinsbrocken gelöst, die nun als Blockschutthalden das imposante Erscheinungsbild zusätzlich bereichern.

In der Natur der Sache liegt, dass sich die nötige Reliefdynamik erst vom Hügelland aufwärts einstellen kann. Besonders eindrucksvolle Schluchtwälder stocken über basenreichem Untergrund. Die Buche tritt (meist) zurück, selbst wenn sie das waldige Umfeld beherrscht. Dafür finden hier mit Esche, Berg-Ahorn und Sommer- oder Winter-Linde die sogenannten Edellaubhölzer zusammen. Und falls ihr die Schlauchpilze der Gattung *Ophiostoma* nicht den Garaus gemacht haben, gesellt sich auch die Berg-Ulme (*Ulmus glabra*) zum Baumensemble.

Der feuchte, schattige Standort begünstigt die Moosflora. Ebenfalls ins Auge fällt der Farnreichtum dieser Waldgesellschaft, Dorniger oder Gelappter Schildfarn (*Polystichum aculeatum*) und Zerbrechlicher Blasenfarn (*Cystopteris fragilis*) finden sich häufiger. Charakterart aber ist die seltene Hirschzunge (*Phyllitis scolopendrium*), ein ungewöhnlicher Farn schon deshalb, weil ihre Wedel einen glatten Rand haben. Damit ähneln sie

Das Silberblatt

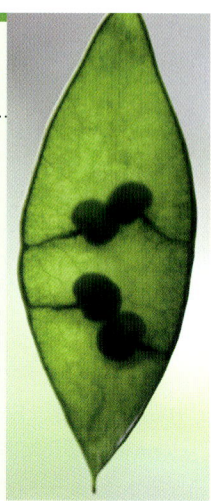

Auffälligste Art des Schluchtwalds ist das Silberblatt (*Lunaria rediviva*). Silbrig glänzt allerdings nicht ihr Blatt, sondern die (falsche) Scheidewand ihrer Schotenfrüchte. Diesem Glänzen verdankt sie auch den Namen Mondviole. Viole heißt die Pflanze nach dem betörenden Duft ihrer Blüten.

einer Zunge, und im Wald liegt der Bezug zum Hirsch nah. Die Hirschzunge bleibt im Winter grün, braucht jedoch frostgeschützte Plätze. Als besonders attraktive Pflanze wird sie in Gärten und auf Friedhöfen gehalten, ganz ohne menschliches Zutun gelangt sie in die Schächte alter Brunnen, offenbar sagt ihr das Klima dort sehr zu.

Häufig sind Schluchtwälder nicht, aber ganz sicher gehören sie zu den urtümlichsten Waldformationen. Da sie öfter über Kalk-, manchmal auch über Gipsgestein wachsen, droht ihnen überdies die Vernichtung durch Abbau. Als Beispiel sei nur das Neandertal bei Düsseldorf angeführt. Obwohl im Hügelland gelegen, bot es spektakuläre Felspartien und war im 19. Jahrhundert geradezu eine Pilgerstätte für die Maler der Düsseldorfer Kunstakademie. Unzählige Bilder feiern die wilde Romantik des Tales, von der nur ein ganz schwacher Abglanz geblieben ist. Als sich die Kalksteinindustrie der Gegend annahm, verschwanden Felsen und Wälder – immerhin fanden Steinbrucharbeiter hier die Reste des Neandertalers.

▲ Dieser Farn mit dem ungewöhnlichen Erscheinungsbild heißt Hirschzunge *(Phyllitis scolopendrium)*.

▼ Biotop mit Geheimnis: der Schluchtwald

Nationalparks

Hainich und Eifel – Nationalparks für den Buchenwald

„Urwald mitten in Deutschland" heißt das Motto des Thüringer Nationalparks Hainich. Tatsächlich liegt er nur knapp neben dem geografischen Zentrum Deutschlands. Dagegen liegt der 2004 gegründete, sechs Jahre jüngere Nationalpark Eifel tief im Westen der Republik, nahe der Grenze zu Belgien. Er ist im Vergleich zu seinem östlichen Gegenstück deutlich größer, etwa 75 Quadratkilometer umfasst der Nationalpark Hainich, 107 Quadratkilometer der Nationalpark Eifel. Im internationalen Vergleich der Großschutzgebiete zählen beide allerdings zu den kleineren. So gibt es auffälligere Unterschiede als die schiere Ausdehnung: Der westliche Nationalpark liegt größtenteils über sauren Gesteinen, der östlichere über Muschelkalk. Und während der Nationalpark Eifel ganz stark subatlantisch geprägt ist, reicht der Nationalpark Hainich auch ins subkontinentale Klimagebiet hinein.

Als Nationalparks haben sie eines gemeinsam: beide sind ausdrücklich der Buche gewidmet. Und noch eine weitere Gemeinsamkeit haben sie. Hainich und Eifel eint ihre Vergangenheit, und das über die scharfe Systemgrenze hinweg: Große Teile der beiden Parks waren früher militärisch genutzt. Hier hatte die Natur ihre – relative – Ruhe, und schon deshalb bot sich die Umwandlung in ein großes Schutzgebiet an.

Der Vergleich beider Nationalparks führt noch einmal schön vor Augen, dass Buchenwald nicht gleich Buchenwald ist. Über den sauren Eifel-Gesteinen dominiert der Hainsimsen-Buchenwald, also eine eher arme Gesellschaft. Dagegen beherbergt der Hainich das imposante Pflanzenspektrum der Wälder über basenreichen und kalkhaltigen Böden. Die

▼ In Hainich und Eifel lebt die seltene Mopsfledermaus (*Barbastella barbastellus*) und beglaubigt die Intaktheit der Lebensräume.

Krautschicht zeigt mit Märzenbecher, viel Bärlauch, Haselwurz und Leberblümchen eine starke Präsenz der Frühjahrsblüher, später kommen Blütenschönheiten wie die Türkenbund-Lilie hinzu. Auch der trockene Orchideen-Buchenwald steuert etliche namengebende Arten bei.

Der Vergleich mit dem Nationalpark Eifel zeigt außerdem eine erstaunliche Vielfalt an Laubbaumarten im Hainich. Neben der seltenen Elsbeere finden sich Berg-, Spitz- und Feld-Ahorn. Esche, Hainbuche und Winter-Linden kommen häufiger vor, wobei sich vor allem Esche und Winter-Linde robust verjüngen. Am stärksten leidet, zumindest auf manchen Flächen, ausgerechnet die Hainbuche unter der Rotbuchen-Konkurrenz.

Dagegen fehlen im Nationalpark Hainich weitgehend die Auwälder. Im Muschelkalk trocknen die Wasserläufe rasch aus, kein Bach führt das ganze Jahr über Wasser. Wasser aber ist das Element des Nationalparks Eifel, keineswegs nur wegen der Talsperren, also der künstlichen Wasserspeicher. Etliche Bachläufe durchziehen das Gebiet, entsprechend gut ausgebildet sind die Bachauenwälder. Ebenfalls stehen die markanten Felspartien im Westen an, die Buntsandsteinschroffen über der Rur gehören hier zu den größten Sehenswürdigkeiten.

Nationalpark Hainich

Gründung: 1997

Größe: 75 km²

Kontakt
Nationalparkverwaltung
Hainich
Bei der Marktkirche 9
99947 Bad Langensalza

Internet
www.nationalpark-hainich.de

▲ Ein Baumkronenpfad im thüringischen Nationalpark Hainich. Der Nationalpark Hainich umfasst etwa 75 Quadratkilometer. Die Buche bestimmt das Waldbild des Parks – oder soll es doch künftig bestimmen.

Unterschiedliche Ausgangspositionen haben die beiden Schutzgebiete auch dank ihrer (jüngeren) Waldgeschichte. Während im Nationalpark Hainich die Koniferen kaum eine Rolle spielen, besetzt die Fichte im Nationalpark Eifel sage und schreibe 34 Prozent der Fläche. Weil viele dieser Nadelbäume kurz vor der „Hiebreife" stehen, stellen sie ein beträchtliches Vermögen dar. Es widerspräche also der wirtschaftlichen Vernunft, die Umwandlung zum Buchenwald übereilt voranzutreiben.

Für noch mehr Nachdenklichkeit, wenn nicht Irritationen sorgt, dass sich die Fichte an manchen Standorten ausgesprochen gut behauptet hat. Wenn schon Prozessschutz, lautet die beinah ketzerische Anregung, sollte der Nadelbaum – Bodenständigkeit hin, Bodenständigkeit her – doch so lange den Wäldern erhalten bleiben, bis er auf dem Weg der natürlichen Sukzession verschwinden wird (oder eben auch nicht). Doch die Zielvorstellung eines Buchen-Nationalparks steht über solchen Einwänden. Gegatterte Anpflanzungen sollen dem Laubbaum auf die Sprünge helfen.

Sonst werden im Nationalpark Eifel der unaufhaltsamen Entwicklung hin zum Wald einige Riegel vorgeschoben. Höchst verständlich, wenn man bedenkt, dass zum Beispiel die Wilde Narzisse (*Narcissus pseudonarcissus*) hier im Offenland wächst. Dabei kommt auch diese atlantische Art, besser bekannt als Osterglocke, ursprünglich aus dem Wald. Sie dringt nur bis in den äußersten Westen der Republik vor und hat ihre spektakulärsten Vorkommen im Nationalpark.

Dennoch: Es wird auf viele Jahrzehnte hinaus spannend bleiben in diesen Wäldern, nicht zuletzt für die Waldforschung. Ihr Interesse gilt auch der Tierwelt.

WALDVIELFALT

Nationalpark Eifel

Gründung: 2004

Größe: 107 km²

Kontakt
Nationalparkforstamt Eifel
Urftseestraße 34
53937 Schleiden-Gemünd

Internet
www.nationalpark-eifel.de

▲ Der Rursee mit Blick zum Kermeter in der Eifel. Mit 107 Quadratkilometern ist der Nationalpark Eifel um einiges größer als der Nationalpark Hainich.

Wer ihre Entwicklung im Nationalpark verfolgen will, muss sie zunächst einmal gründlich erfassen. Die Bestandsaufnahme ergab, dass in beiden Nationalparks sechs Spechtarten heimisch sind, also eine stattliche Zahl dieser wichtigen Waldvogel-Gattung. Außerdem konnte im Osten wie im Westen die Mopsfledermaus *(Barbastella barbastellus)* nachgewiesen werden, die im Rheinland schon lange nicht mehr gesichtet und auf die Verlustliste gesetzt worden war. Wichtige Hinweise auf den Zustand des Waldes geben auch weniger auffällige Gruppen, zum Beispiel die Käfer. Sie sind in beiden Nationalparks gut und auch mit seltenen Spezies vertreten. Allerdings zeigt sich, dass selbst hier gerade die ganz raren Totholzbewohner (noch) Mangelware sind.
Beide Großschutzgebiete sind eben erst auf dem Weg zum „Urwald", sie sind junge, sind Ziel- oder Entwicklungsnationalparks. Niemand kann ganz genau vorhersagen, wie dieses Ziel aussehen oder wie diese Entwicklung ablaufen wird. Aufschlussreiche Jahrzehnte stehen bevor.

▲ Zu den größten Attraktionen des Nationalparks Eifel gehören die Narzissenwiesen. Die Wilde Narzisse *(Narcissus pseudonarcissus)*, eine extrem atlantische Art, hat aus den Wäldern ins Offenland gefunden.

Gefährdetes Waldtier – die Europäische Wildkatze

Die zwei Nationalparks Eifel und Hainich haben einen äußerst prominenten Bewohner gemeinsam: die Europäische Wildkatze *(Felis silvestris silvestris)*. Einst weitverbreitet, wurde sie in weiten Teilen des Kontinents ausgerottet, erst in jüngster Zeit haben sich ihre Bestände etwas erholt. Und während die Eifel eine der größten Populationen Mitteleuropas beherbergt, durchstreifen den Hainich wohl kaum mehr als dreißig Tiere.

Wenigstens auf den ersten Blick sind Haus- und Wildkatze schwer auseinanderzuhalten. Nur stammt die Hauskatze wohl von der Falbkatze ab. Dieses weiter südlich, in Afrika und Westasien beheimatete Tier galt früher als eigene Art, heute wird sie nur noch als Wildkatzen-Untergruppe geführt. Anders als bei der Hauskatze hat das Fell der Wildkatze eine verwaschenere Zeichnung, seine Grundfarbe changiert zwischen gelblich- und braungrau. Am besten lassen sich ausgewachsene Tiere unterscheiden, besonders im dichten, langen Winterfell wirken sie größer und massiger als ihre gezähmten Verwandten. Der dicke, relativ kurze Schwanz hat im hinteren Teil (nicht immer deutlich abgesetzte) dunkle Ringe, das stumpfe Ende ist schwarz.

Wildkatzen sind heimliche Jäger, die meist im Schutz der Dämmerung umherstreifen und oft lange Wege zurücklegen. Sie sind Einzelgänger, die nur zur Paarungszeit zusammenkommen. Das Weibchen sucht bodennahe Baumhöhlen, Fuchs- oder Dachsbauten auf, um die Jungen großzuziehen, in der Eifel nachweislich auch die verlassenen Bunker des Westwalls. Ihre Lebensweise erschwert die genaue Erfassung, manchmal machen erst verkehrstote Tiere auf die Existenz der Art aufmerksam.

Haus- und Wildkatzen können fruchtbare Nachkommen zeugen, doch die Gefahr, dass der Wildtierbestand durch diese Kreuzungen gefährdet ist, dürfte nach neueren Untersuchungen nicht groß sein. Bedrohlicher sind jedenfalls die Zerschneidung weitläufiger Waldgebiete und ihre radikale Durchforstung. Doch in den letzten Jahren hat sich die Situation der Wildkatze erstaunlich gebessert; allerdings führen die Artenlisten sie europaweit immer noch als „stark gefährdet". Der Naturschutz hat sie zur Leittierart für großflächig intakte Wälder erkoren. Wildkatzenprojekte bemühen sich vielerorts, dieses Tier wieder anzusiedeln und Korridore zu schaffen, die ihm den Wechsel von einem Waldgebiet ins andere ermöglichen.

Eichenwälder

Eine Frage der Mischung

Nach der Rotbuche ist die Eiche der zweithäufigste Laubbaum unserer Breiten. Aber schon diese Aussage darf ein Botaniker nicht ohne Weiteres durchgehen lassen. Denn Eiche bezeichnet nur die Gattung, die in Europa mit 24, in Mitteleuropa nur mit zwei beziehungsweise drei bodenständigen Arten vertreten ist. Allerdings ähneln sich diese – Stiel- (*Quercus robur*) und Trauben-Eiche (*Quercus petraea*) – derart, dass sie außerhalb der Fachliteratur gern über einen Kamm geschoren werden. Wo sie gemeinsam wachsen, mischen sich beide Arten. Eine Nebenrolle, pflanzensoziologisch aber sehr interessant, spielt die südliche Flaum-Eiche (*Quercus pubescens*). Sie kommt von Natur aus allein in Gebieten mit trocken-warmem Klima vor, etwa im Grazer Bergland, im Schweizer Jura oder am Kaiserstuhl (Baden-Württemberg). Noch ein wenig südlicher und südöstlicher hat die Zerr-Eiche (*Quercus cerris*) ihre wenigen natürlichen Vorkommen, beispielsweise im Tessin und in der österreichischen Steiermark.

Die Stiel-Eiche ist robuster, sie verkraftet größere Ausschläge bei Temperatur und Feuchtigkeit, überdies kommt sie mit nährstoffarmen Böden besser zurecht. So ist sie weniger frostempfindlich, während die Trauben-Eiche eher ein wintermildes Klima braucht, und nur sie kann auf den Quarzsand-Rohböden Fuß fassen. Ob die Stiel-Eiche auch, wie manche Autoren annehmen, ein höheres Alter erreicht als die Trauben-Eiche, steht allerdings dahin. Im Allgemeinen gilt für beide, dass sie die magische Tausend-Jahre-Marke streifen können.

Insgesamt sind die beiden Eichenarten zwar an sehr vielen Waldgesellschaften beteiligt, aber die Vorherrschaft erlangen sie im Vergleich zur Rotbuche selten. Diese Rangfolge schärft noch einmal den Blick für die Prominenz der Eiche gerade hierzulande: Wenn sie, und nicht die Buche, im Rampenlicht der Kulturgeschichte steht, spricht auch dies dafür, dass der Mensch die Eichen tatkräftig gefördert hat. Die ersten Ackerbauern waren noch von eher unsteter Sesshaftigkeit, weil sie den Boden nur beschränkt nutzen konnten. Daraus folgte die Zügigkeit neuer Landnahmen und neuer Rodungen. Sie gingen entschieden zulasten der Eichen, die vielerorts dort verschwanden, wo sie bis vor etwa 4000 Jahren noch vorgeherrscht hatten. Und als dann Bäume die Brache wieder erobern konnten, kamen sie häufig als Buchenwald zurück: Manches spricht demnach dafür, dass der Mensch das natürliche Vordringen der Buche künstlich beschleunigte.

◀ Weg durch einen Eichenwald: Selbst wenn die Eichen in naturnahen Wäldern des Hügellands zahlreicher vertreten sind, behaupten sie nie allein das Feld.

▶ Die Eiche als Vorposten des Waldes

Je nach Landschaft verzeichnet die Eiche vor 3000 bis 4000 Jahren die geringsten Anteile in den Pollendiagrammen. Aus den Mittelgebirgslagen verschwand sie praktisch ganz, jedenfalls zeigen die Diagramme ein „Eichenminimum". Aber mit den gewachsenen Möglichkeiten der Metallverarbeitung ging es vermehrt der Buche ans Holz. Und als seit der Eisenzeit die Baumbestände oft als Niederwald bewirtschaftet wurden, kam dies der Eiche ebenfalls zugute. Entsprechend schwer fällt zu beurteilen, welche Möglichkeiten als Waldbildner ihre beiden Arten von Natur aus haben. Im Buchenland behaupten sie sich auf bodentrockenen und an Standorten mit sehr geringem Niederschlag. Die überstauten Böden der Flussauen erträgt die Stiel-Eiche, sie verträgt auch das schlecht belüftete Erdreich besser als Buchen. In der Regel machen es die lichtbedürftigen Eichen anderen Gehölzen leichter, sich in ihren Waldgesellschaften zu behaupten. Sie dunkeln deren Nachwuchs nicht so stark aus wie die sogenannten Mütter des Waldes, die Rotbuchen.

Eichenwälder auf bodensauren Standorten

Für diesen Waldtyp bleiben die sehr trockenen wie die feuchten und jedenfalls ganz nährstoffarmen Böden. Dorthin kann ihnen die Buche kaum mehr folgen – obwohl sich die eine oder andere zwischen den Eichen verlieren kann und sich manche Übergänge zu Buchenwaldgesellschaften beobachten lassen. Ihre Domäne ist das Tiefland, wo weite Sandebenen, Binnendünen und Altmoränen die Eiszeit noch gegenwärtig halten. Der bodensaure Eichenwald hat daher seine Schwerpunkte im Nordwesten und Nordosten Deutschlands.

In waldgeschichtlicher Perspektive sind das Gegenden, die von der Buche erst zu einer Zeit erreicht wurden, als unsereiner schon mehr oder weniger stark ins Landschaftsbild eingreifen konnte. Auffällig viele Eichen finden sich im Schweizer Kanton Genf, wo sie früher offenbar stark gefördert wurde.

Von Natur aus müsste gerade die trockene Ausprägung des Waldtyps größere Flächenanteile innehaben. Aber schon recht bald nahmen Heiden seinen angestammten Platz ein, die dann später von Kiefernforsten abgelöst wurden. Auf Heiden kann sich noch heute der trockene bodensaure Eichenwald als sogenannter Sekundär-, also Zweitwald wieder einstellen, stets in Kooperation mit der Sand-Birke und im Unterwuchs deutlich von den früheren, den Offenland-Verhältnissen geprägt.

Eine besonders starke Rolle spielt, vor allem in den Anfangsstadien der Gesellschaft, das Pioniergehölz Birke. Und häufiger wird ihr Unterwuchs von den hüfthohen Wedeln des weltweit verbreiteten Adlerfarns *(Pteridium aquilinum)* derart beherrscht, dass andere krautige Pflanzen kaum dagegen aufkommen. Überhaupt: Zwar erhalten hier die bodennahen Gewächse viel Tageslicht, aber profitieren können davon nur solche, die den stark sauren Untergrund ertragen. Und sie finden sich auch an ähnlich arm ausgestatteten Standorten, sodass sich keine ausgesprochene Kennart des Waldtyps ausmachen lässt. Immerhin sind einige Habichtskrautarten ziemlich regelmäßig vertreten. Die Drahtschmiele, schon beim armen Buchenwald erwähnt, und das außerordentlich zähe Weiche Honiggras *(Holcus mollis)* bilden zuweilen große Bestände.

Deutlicher tritt die feuchte Ausprägung des bodensauren Eichenwalds in Erscheinung. Sie behauptet sich auf Böden mit wechselnden Grundwasserständen, die der Buche nicht mehr behagen. Statt der Sand-Birke tritt hier denn auch häufiger die Moor-Birke *(Betula pubescens)* hinzu. Und wie in der trockenen Ausprägung die Besenheide zur Gesellschaft tritt, findet sich hier die Glocken-Heide *(Erica tetralix)* häufiger ein.

Am stärksten aber macht sich in Bodennähe das Blaue Pfeifengras *(Molinia caerulea)* geltend. Seine markanten Bulte fallen ins Auge, seine schwach violetten Ährchen

▶ Ein imposanter Blick in die Krone, den eben nur die Eichen erlauben.

Lebensbaum Eiche

Zugegeben, es sind nicht in jedem Fall die lieblichsten Vertreter des Tierreichs, die mit der Eiche namentlich zusammenhängen. Und der Eichenprozessionsspinner (*Thaumetopoea processionea*) erregt neuerdings sogar öffentliches Ärgernis: Der denkbar unauffällige Nachtschmetterling trägt als Raupe nach der dritten Häutung einen Besatz aus Brennhaaren, die leicht brechen und dann ein hochallergenes Eiweiß freisetzen. Lange hielt sich das Auftreten des wärmeliebenden Falters in Grenzen, aber zuletzt vermehrte er sich im Süden derart massenhaft, dass allenthalben vor ihm gewarnt wurde.

Eichenwickler, Eichenblattwickler und Eichengallwespe gehören ebenfalls zu den Insekten, die der Eiche einen Teil ihres Namens verdanken. Nicht alle sind allein auf Eichen angewiesen, aber Goldgruben-Eichenprachtkäfer, Großer Eichenbock oder Eichenwidderbock bevorzugen sie doch deutlich. Insgesamt beherbergen die beiden meistverbreiteten Eichen eine reichere Tierwelt als alle anderen Baumarten. Je nach Quelle sind es 300 bis 500 Spezies, dazu kommt mindestens die gleiche Zahl an Tieren, die sie nicht nur, aber auch auf ihren Speiseplänen oder Quartierzetteln haben. Besonders die Stiel-Eiche zeichnet sich als Lebensbaum aus.

Ein wesentlicher Grund für diese große Anziehungskraft ist wohl das hohe stammesgeschichtliche Alter der Eiche, währenddessen sie vielen Lebewesen die Anpassung ermöglichte. Hinzu kommen die weite Verbreitung des Baums in Europa und die Vielfalt seiner Lebensraumangebote, vom höchsten Wipfel der ausladenden Krone bis

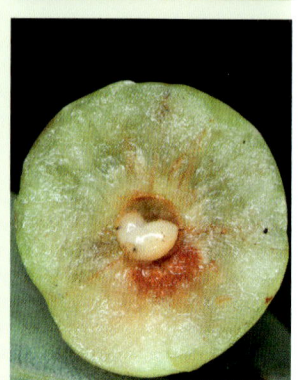

hinunter zu den borkigsten Teilen des Stamms. Und weil die Eiche selbst sehr lange lebt, fächert sich ihr Spektrum zwischen vital und abgestorben besonders weit. Eichen grünen noch, wenn sie schon unübersehbar wipfeldürr sind, und so bietet ein einziger Baum viele Nahrungs- wie Unterkunftsmöglichkeiten.

Einige Tiernamen, bei denen die Eiche Pate stand, könnten sich ihrem Nimbus verdanken: Wahrscheinlich heißt das Eichhörnchen deshalb Eichhörnchen, weil die Eiche häufiger fürs große Ganze, also für den Wald steht. Ein wenig anders liegt der Fall beim Eichelhäher: Obwohl er keineswegs nur Eicheln frisst, hat der bunt gefiederte Rabenvogel doch beträchtliche Verdienste um die Verbreitung des Baums. Lange stellten die Jäger dem großen Krachmacher nach. Die Förster aber wissen, was sie am Eichelhäher haben: Vergessene Nahrungsvorräte, sogenannte Hähersaaten, unterstützen sie in ihrem Bemühen, naturnahe Wälder aufzubauen.

▲ ◀ Fünf mehr oder weniger bekannte Tiere, die der Eiche ihren Namen verdanken: Eichenbock (links), Eichhörnchen und Eichelhäher (ganz oben) sowie Eichenprozessionsspinner und die Larve einer Eichengallwespe (Mitte oben).

weniger. Der Gattungsname jedoch erinnert an seine einstige Verwendung. Die gestreckten, knotenlosen Halme dienten zum Reinigen der langstieligen Pfeifen. Wie das Pfeifengras sind auch die anderen niederwüchsigen Pflanzen nicht ausschließlich an die bodensauren Eichenwälder gebunden. Aber sie geben doch deutliche Hinweise auf die sauren Verhältnisse am jeweiligen Standort, bekräftigen also die Zugehörigkeit der Eichen zu ebendiesem Waldtyp.

Eichen-Hainbuchenwälder

Für das Modell „Potenzielle Natürliche Vegetation" stellen sie die schwerste Belastungsprobe dar. Häufig zeigen diese Wälder Anzeichen des Übergangs, künden noch von den Zeiten der Niederwaldwirtschaft und sind nun auf dem Weg zum Buchenwald. Doch gibt es durchaus auch Eichen-Hainbuchenbestände, die eine fernere Waldvergangenheit gegenwärtig halten könnten, eine vor dem Siegeszug der Buche. Hier hätte der Mensch also dem Rad der Waldgeschichte in die Speichen gegriffen und aus wohlverstandenem Eigeninteresse einen „ursprünglicheren" Zustand festgeschrieben. Diese Möglichkeit lässt noch mehr darüber grübeln, wie natürlich dieser oder jener Eichen-Hainbuchenwald sein und wohin er sich wohl entwickeln mag, bliebe er sich selbst überlassen. (Und alle Überlegungen beantworten die Frage nicht, wie denn nun mit dem konkreten Wald umgegangen werden soll.)

Generell lässt sich sagen: Was Vielfalt und Artenreichtum angeht, kann sich mancher Eichen-Hainbuchenwald mit den gut versorgten Buchenwäldern ohne

▲ Zügig streben die Äste der Hainbuche (*Carpinus betulus*) in die Höhe. Das Blatt dieser Art lässt sich vom Buchenlaub immer durch den gezackten Rand unterscheiden.

▼ Fruchtstände der Hainbuche

54 WALDVIELFALT

Weiteres messen, nicht selten bietet er das breitere Spektrum an Flora und Fauna. Diese Wälder sind meist lichter und von den namengebenden Bäumen stehen die Eichen auch von der Wuchshöhe den Hainbuchen voran.

Da in vielen Buchenwäldern auch die Eichen vertreten sind, muss umso nachdrücklicher betont werden, dass (Rot-)Buche und Hainbuche nicht derart eng miteinander verwandt sind, wie ihre Namen es nahelegen. Die Hainbuche (Carpinus betulus) zählt keineswegs zur Familie der Buchen-, sondern zu den Birkengewächsen. Am leichtesten lässt sich das Laub beider Bäume auseinanderhalten. Das Blatt der Hainbuche ist (doppelt) gezähnt, während das der Buche einen zwar gewellten, aber glatten Rand hat.

Noch stärker unterscheiden sich ihre Früchte, genauer die Fruchthüllen. Bei der Buche bildet die Blütenachse den „bestachelten" Becher, der die beiden Nüsse umschließt. Bei der Hainbuche dagegen liegt der Samen offen, er wird vom (langen) Tragblatt und den zwei kurzen Vorblättern präsentiert. Wegen dieser Nuss auf der dreilappigen, flugfähigen Fruchthülle wird die Hainbuche manchmal den Haselartigen zugesellt.

Die Hainbuche drang nach der letzten Kaltzeit erst relativ spät von Südost- nach Mitteleuropa vor, doch profitierte auch sie von der Niederwaldwirtschaft und Waldweide. Denn die Hainbuche gehört – anders als die Buche – zu den ausschlagfreudigen Gehölzen.

Waldgesellschaften bildet die Hainbuche zusammen mit Stiel- und Trauben-Eiche, oft sind die Lichtholzarten Winter-Linde, Vogel-Kirsche und Feld-Ahorn mit von der Partie. Und wie die Hainbuche von Osten ins Buchenareal übergreift, gibt es außerhalb dieses Areals subkontinental geprägte Waldgesellschaften unter starker Hainbuchen-Beteiligung, die ihrerseits schon zu den eichenbeherrschten Steppenwäldern Osteuropas vermitteln. Der Linden-Eichen-Hainbuchenurwald im UNESCO-Weltnaturerbe von Bialowieza (Polen) ist ein beliebtes Studienobjekt der Vegetationskundler. (Sie mussten allerdings feststellen, dass hier die Eichen

▶ Weitverbreitet ist die Große Sternmiere (Stellaria holostea), die im Winter häufig grün bleibt.

▼ Das wärmeliebende Melissen-Immenblatt (Melittis melissophyllum) ist ein rares Gewächs, aber doch eine Kennart der besser ausgestatteten Eichenwälder.

immer mehr ausfallen und sich nur Winter-Linde (Tilia cordata) und Hainbuche gut vermehren.)

Den lindenreichen stehen die waldlabkrautreichen Eichen-Hainbuchenwälder am nächsten. Das Wald-Labkraut (Galium sylvaticum) kennzeichnet die gemäßigt kontinentalen Varianten dieses Verbands. Insgesamt fächert sich das pflanzengesellschaftliche Bild dieser Wälder weit, vor allem in Abhängigkeit zu den Bodenverhältnissen. Einzelne Buchen können beigemischt sein, aber dichte Lehm- und Tonböden machen ihnen das Leben schwer. Dennoch lässt mancher einschlägige Baumbestand rätseln, ob er sich an seinem Standort von Natur aus oder dank menschlicher Förderung

behauptet. Und wenn er nicht im Hügelland, sondern im Mittelgebirge angetroffen wird, spricht besonders viel dafür, dass er hier die Planstelle eines Buchenwalds besetzt.

Eine besonders geschützte Art dieser Gesellschaften ist das Melissen-Immenblatt (Melittis melissophyllum), der auffällige Lippenblütler reicht nach Nordwesten nicht über das Niedersächsische Hügelland hinaus. Eine weitere Verbreitung hat die Doldige Wucherblume (Chrysanthemum corymbosum). Sie wächst häufiger in diesen lichten Wäldern, an denen von Eichenseite meist die Trauben-Eiche beteiligt ist.

In stärker ozeanisch getönten Klimaten, auf feuchten Böden mit hohem Grundwasserstand, hat die nässetolerantere Stiel-Eiche den Vorrang, und zur krautigen Leitart wird, anstelle des Wald-Labkrauts, die Große Sternmiere (Stellaria holostea).

Diese Wälder weisen im Ganzen gesehen ebenfalls ein sehr unterschiedliches Artengefüge auf. So artenreich sie sein können, ihre Kennarten sind doch recht unauffällig. Schon deshalb sei ihre westeuropäische, atlantische Spielart angeführt. Denn in diesem Eichen-Hainbuchenwald tritt mit dem Hasenglöckchen oder der Waldhyazinthe (Gattung Hyacinthoides) eine auffällige Blütenpflanze. Sie wächst in England auf fast jedem Campingplatz (gerne auch unter Buchen) und hat auch in Belgien noch vitale Bestände.

Eichenmischwälder trocken-warmer Gebiete

Schon allein die Kennzeichnung „trocken-warm" (manche Autoren sprechen sogar von trocken-heiß) lässt anklingen, dass diese Eichenwälder im Kernraum Mitteleuropas nur kleine Flächen einnehmen. Immerhin laufen hier Waldgesellschaften aus, die eigentlich anderen Klimazonen angehören, die mediterranen oder – im Osten – Steppenwaldcharakter tragen. Und selbst wenn ihre Ausstattung weniger üppig ist, so beherbergen sie doch einige seltene und höchst seltene Gewächse. Was nicht zuletzt daran liegt, dass an den oft felsigen Standorten dieser Eichenmischwälder auch der Wald selbst an die Grenzen seiner Möglichkeiten gerät. Die Bäume

▲ Der Name Blauroter Steinsame (*Lithospermum purpurocaeruleum*) sagt es, nur wechseln seine Blüten vom anfänglichen Rot zu Blau. Dafür ist dieses Blau von einer Leuchtkraft, die ihresgleichen sucht.

◄ Die Elsbeere ist eine typische Art der wärmeren Waldstandorte. Auch ihr Holz erzielt hohe Preise, und der Elsässer Edelbrand aus ihren Früchten erfreut sich unter Kennern großer Beliebtheit.

▼ Der Speierling hatte früher wegen seines harten Holzes einen großen Ruf, seine gerbstoffreichen, recht großen Früchte werden dem Apfelwein zugesetzt.

stehen licht, erreichen weder ihre gewöhnlichen Höhen noch ihr gewöhnliches Alter. So bleibt viel Raum für die Sträucher, sie können sich in solchen Gesellschaften zahlreich einfinden.

Auf hohen Stufen der pflanzensoziologischen Hierarchie, nämlich auf der Ordnungs- und Verbandsebene, werden diese Wälder nach der Flaum-Eiche und der Trauben-Eiche (*Quercetalia pubescenti-petraeae* beziehungsweise *Quercion pubescenti-petraeae*) benannt. Weil die Flaum-Eiche nur auf den wärmsten Standorten gedeihen kann, hat sie oft dem Weinbau weichen müssen. Aber etwa in den trockenen Bereichen des Südtiroler Vinschgaus hat die Gesellschaft gut ausgeprägte Vorkommen, die neben mitteleuropäischen Arten auch submediterrane und südöstliche Spezies umfassen. Ein besonders prominenter, andernorts sehr seltener Vertreter ist die Orchidee Violetter Dingel (*Limodorum abortivum*).

Eichenwälder 57

Überhaupt: So klein die Flächen sind, auf denen diese schütteren Wälder stocken, ihre Pflanzenwelt lohnt den Umweg. Schon die gedrungene, lichte Baumschicht bietet mit dem Französischen Ahorn (Acer monspessulanum) ein attraktives Gehölz, womöglich noch attraktiver ist der allerdings extrem seltene Schneeballblättrige Ahorn (Acer italicum). Etwas häufiger wächst der Speierling (Sorbus domestica), dessen Früchte sich hierzulande um den Apfelwein verdient gemacht haben. Die weiter verbreitete Elsbeere (Sorbus torminalis) tritt hinzu, sie wächst auch in anderen wärmeliebenden Waldgesellschaften. Von Westen her greift der immergrüne Buchsbaum (Buxus sempervirens) in diese Gesellschaften hinein, er kennzeichnet die flaumeichenlosen, doch immer noch äußerst wärmebedürftigen Spielarten dieser Wälder.

Eine ganz besondere Art dieser Wälder ist der Diptam (Dictamnus albus), der am unteren Mittelrhein seine Nordgrenze erreicht. Im betäubenden Bukett seiner Blüten mischen sich Zimt- und Zitronenaromen, die Herkunft aus südlichen Gefilden lässt sich diesem Rautengewächs förmlich anriechen. Der Blaurote Steinsame (Lithospermum purpurocaeruleum) greift zwar über das Spektrum der wärmegebundenen Eichenmischwälder hinaus, aber auch die Verhältnisse hier sagen ihm sehr zu. Die rauen Blätter zeigen seine Verwandtschaft mit dem Küchenkraut Borretsch an, Steinsame heißt er nach der ungewöhnlichen Härte der Früchte. Seine Blüten sind schlicht eine Augenweide: Nach dem Aufblühen noch rot-violett, präsentieren sie später ein Blau, dessen Strahlkraft in der hiesigen Pflanzenwelt kaum ihresgleichen hat.

▼ Frisch grünen die Eichen im hessischen Reinhardswald. Enthusiasten nennen den Reinhardswald ein „Schatzhaus der europäischen Wälder", innerste Kammer dieses Schatzhauses ist das über 100 Jahre alte Naturschutzgebiet „Urwald Sababurg".

Nadelwälder

Natürlich oft nur weiter oben

Ginge es nach der Natur, würde die Vorherrschaft der Laubbäume nur an wenigen Standorten Mitteleuropas gebrochen. Dem widerspricht allerdings der Augenschein: Durch menschliches Zutun wachsen Lärche, Kiefer und vor allem Fichte heute dort, wo von Rechts wegen Buche oder Eiche das Waldbild prägen müssten. Damit nicht genug, können (wohlgemerkt können) die „verpflanzten" Nadelbäume durchaus höhere Wuchsleistungen erreichen als die bodenständigen, jedenfalls bislang. Demnach wären sie von ihren Möglichkeiten her sehr wohl in der Lage, sich weiter zu verbreiten, aber unter den gegebenen Rahmenbedingungen sind eben die Laubbäume meist konkurrenzstärker.

Die Form rechtfertigt das Wort „Nadel", doch es ist mehr Bild als Begriff. Begünstigt durch die Unterscheidung von Laub- und Nadelbaum verleitet es leicht zur falschen Annahme eines Gegensatzes. Aber auch Nadeln sind Blätter. Allerdings deutet schon ihre geringere Oberfläche auf eine Eigenschaft der Koniferen hin, die den Laubbäumen fehlt: Sie können große Trockenheit aushalten. Im Fall der Wald-Kiefer bedingt der sandige Untergrund oft einen prekären Wasserhaushalt. Nadelbäume der höheren Lagen sind dagegen mit dem Nass oft reichlich versorgt. Doch an ihren Standorten verhindert der gefrorene Boden im Winter die Wasseraufnahme, die Nadelbäume müssen die sogenannte Frosttrocknis überstehen. Dann ist es besonders wichtig, über die immergrünen Nadeln kein Wasser abzugeben. Solcher Vergeudung beugt hier zunächst einmal ein wächserner Überzug (Cuticula) vor. Auf ihn folgt eine massive Epidermis (Hautschicht). In sie und die Schicht darunter sind die Spaltöffnungen tief eingesenkt. Damit liegen sie derart geschützt, dass ihnen selbst der Wind keine Feuchtigkeit entziehen kann.

In unseren Breiten gehören die meisten Nadelbäume zur Familie der Kieferngewächse, Ausnahmen sind Eibe und Wacholder. Von der Tanne war schon beim Buchen-Tannenwald die Rede, von Natur aus bildet sie keine Reinbestände. Die natürliche Domäne der Fichte liegt an der Waldgrenze, noch höher kann die Lärche steigen. Dagegen hat die Wald-Kiefer ihren Verbreitungsschwerpunkt im Nordosten. Doch kann ihre nahe Verwandte, die Berg-Kiefer, bis in die hohen Gebirgsregionen vordringen und sich in ihrer Gestalt als Spirke sogar oberhalb der Waldgrenze behaupten.

▲ Ein vitaler Fichtenwald oberhalb des Eibsees in Bayern

◄ Hier kann die Frage, ob Wald oder Forst, dahingestellt bleiben: Wenn das Sonnenlicht erst durch den Nebel dringt und dann zwischen die Fichten fällt, wird jedenfalls der Schönheitssinn angesprochen.

Die Tanne und die Tannenmischwälder

Die Tanne ist der imposanteste Nadelbaum unserer Breiten. Sie kann über fünfzig Meter hoch werden, einige Exemplare haben es auch auf über sechzig Meter gebracht, mit 500 bis 600 Jahren erreicht sie ein hohes Alter. Auch weil er hartnäckig mit der Fichte verwechselt wird, heißt der Baum genauer Weiß-Tanne *(Abies alba)* nach seiner hellgrauen, bei jüngeren Bäumen glatten Borke.

Die Westgrenze der bodenständigen Verbreitung verläuft vom Schweizer Jura über den Thüringer Wald bis ins Tiefland der Niederlausitz. Dort erreicht sie außer der geringsten Meereshöhe auch ihren nördlichsten Punkt. Sonst konnte die Tanne nach allgemeiner Überzeugung nie weiter nach Westen vordringen, selbst aus den ursprünglich tannenreichen Vogesen sei sie nicht in den gleich benachbarten Pfälzerwald eingewandert. Allerdings lassen römerzeitliche Funde die Frage zu, ob es der Baum vielleicht doch bis in die Mittelgebirge um Trier geschafft hat. Jedenfalls ist er – im Gegensatz zu den anderen Nadelbäumen – eine Art Mittel- und Süd(ost)-europas geblieben. Von der Höhenstufe steht die Tanne zwischen Buche und Fichte. Anders als die Fichte ankert sie tief, selbst die dichtesten Pseudogley-Böden bringen ihre Pfahlwurzel nicht vom vertikalen Kurs ab. Tannen gehören zu den sturmsichersten Bäumen.

Von allen heimischen Koniferen zersetzen sich ihre Nadeln am besten. Und es kommt keineswegs von ungefähr, dass die Tanne am stärksten von allen unter Wildverbiss leidet. Im Vergleich zur Fichte sorgen ihre jungen Triebe für die bessere Ernährung (höhere Gehalte an Phosphor, Calcium und Magnesium), ohne Reh und Hirsch durch reichlich Kieselsäure oder Harz den Appetit zu verderben. Anmerkungen der Art, die Tanne sei ein „Anzeiger für angepasste Schalenwildbestände", wecken beim Leser den Ironie-Verdacht.

Vor allem aber: Die Weiß-Tanne ist kein Baum für die Kahlschlagwirtschaft. Noch besser als die Buche erträgt sie das Waldesdunkel, kann Jahrzehnte, kann sogar 150 Jahre im Unterholz auf ihre Stunde warten.

Aber wenn sie im wahrsten Sinn des Wortes bloßgestellt wird, bekommt sie eine Art Lichtschock und kümmert. Zudem fehlt ihr auf den kahlen Flächen der Frostschutz, den sie mehr braucht als ihre waldbauliche Konkurrentin, die Fichte.

Die Eibe

Die Eibe, hier mit ihren Früchten, ist ein Nadelbaum, dem seine ausgesprochene Eignung als Bogenholz früh zum Verhängnis wurde. Die Eibe kommt in Tannenwaldgesellschaften, doch mindestens ebenso häufig in den besser ausgestatteten Buchenwaldgesellschaften mittlerer Standorte vor.

Und lange bevor das „Waldsterben" Karriere machte, war vom „Tannensterben" die Rede. Schon um 1900 ließen die Schadbilder aus dem Erzgebirge erkennen, wie empfindlich die Tanne auf „Rauchgase" reagierte. Bis Ende der 1980er-Jahre hat ihr der schwefelsaure Regen besonders zugesetzt. So geriet sie auch in den Ruf einer „Mimose unter den Waldbäumen". Mit anderen Worten, die Weiß-Tanne war selbst „schuld", und mancher Forstmann ersparte sich die vergebliche Liebesmüh. Zumal er um Ersatz nicht verlegen war: Bringt es doch die Fichte sehr viel schneller zur Hiebreife. Da hat der Tanne auch wenig geholfen, dass sie in späteren Jahren durchaus mehr Festmeter in die Waagschale werfen kann.

Über lange Zeit verzeichneten die Waldinventuren immer weniger Exemplare der Weiß-Tanne. Zumindest was die Verlautbarungen angeht, erfährt die Tanne neuerdings eine Renaissance. Sie führt wieder den Titel „Königin des Waldes", und die Forstverantwortlichen in Deutschland, Österreich und der Schweiz wollen ihr wieder einen angemessenen Platz in den Wäldern verschaffen.

Der Titel kann allerdings nicht darüber hinwegtäuschen, dass viele Tannen immer noch vom Stress der vergangenen Jahrzehnte gezeichnet sind. Bei älteren Exemplaren ist auch heute nicht ausgemacht, ob sie nicht doch an den Spätfolgen der Schwefelduschen eingehen werden. Und leider gleicht das Ringen mit „zu hohen Schalenwilddichten" auch heute noch viel zu oft einem Kampf gegen Windmühlenflügel …

◂ Eindrucksvolle Tannenverjüngung bei Pfalzgrafenweiler Kälberbronn im nördlichen Schwarzwald

▸ Tanne im Hochschwarzwald

Insgesamt gilt, dass Tannen die nach ihnen benannten Wälder auch von Natur nicht so deutlich beherrschen, wie das die Buche im Fall ihrer Waldgesellschaften tut. Doch ebenso gilt, dass sich die Weiß-Tanne häufig nur kümmerlich „beigemischt" findet, wo sie nach der reinen Waldgesellschaftslehre auf eine starke Präsenz Anspruch machen dürfte. Deshalb ist oft schwierig zu beurteilen, welcher Grad an Natürlichkeit dieser oder jener Tannenmischwaldgesellschaft zugesprochen werden kann. Sicher aber kann die Tanne Anspruch auf den Titel „Höchster Baum Europas" geltend machen. Ihre Höchsthöhe von 65 Meter erreicht in Mitteleuropa allerdings keine. Doch finden sich beispielsweise im Schweizer Emmental ansehnliche Exemplare, die 55 Meter erreichen.

Vom gemeinsamen Auftreten der Tanne mit der Buche war schon die Rede. Wie die Tanne von der Höhenlage her zwischen Buche und Fichte steht, vermittelt sie auch im Fall der Waldgesellschaften. Bei ihrem Zusammengehen mit der Fichte führt, weil häufiger, meist Letztere die Formationsbezeichnungen an. Versprengte Buchen können diesen Wäldern beigemischt sein, doch schon der schwache Wuchs spricht für den Verlust ihrer Konkurrenzkraft.

Sowohl auf sauren wie auf eher neutralen Böden gibt es Formationen, die von der Tanne beherrscht werden oder doch beherrscht werden müssten. Generell sind diese Wälder reicher an Erd-Moosen als die buchendominierten Bestände, deren dicke Falllaubschicht bodennahen Sporenpflanzen nur wenig Lebensraum gönnt. Auf den ganz nährstoffarmen, sauren Böden wächst der Preiselbeeren-Weiß-Tannenwald, der alles in allem gesehen eher die Heidelbeere im Namen führen müsste. Nur wenige andere Arten finden hier ihr Auskommen, sie sind in der Lage, auch längere Trockenheitsphasen zu ertragen. Eine schon bessere Versorgung zeigt der Hainsimsen-Weiß-Tannenwald an, den die Weiße oder die Wald-Hainsimse näher beschreibt. Außerdem lässt der Rippenfarn (Blechnum spicant) auf das stärker ozeanisch getönte Klima seiner Standorte schließen.

Doch führt schon die weite Spanne der Höhenstufen zu unterschiedlichen Waldbildern, auf der Stufe um 400 Meter können sich, wie etwa im Vorderen Bayerischen Wald, sogar die beiden Eichenarten einmischen. Andererseits steigt dieser Tannenwald in den Alpen so hoch, dass er den Almwiesen weichen musste, die später mit Fichten aufgeforstet wurden.

Eine interessante Ausstattung bieten die Labkrautreichen-Weiß-Tannenwälder, so genannt nach dem Rundblättrigen Labkraut (Galium rotundifolium) ihrer Krautschicht. Hier finden sich noch Säureanzeiger wie die

◀ Zwei typische Vertreter im Tannenwald: Rippenfarn (Blechnum spicant) in einem Hainsimsen-Weiß-Tannenwald (oben). Der recht weitverbreitete Farn findet sich auch in anderen Waldgesellschaften, bei ihm sitzen die Sporen auf eigenen Wedeln mit deutlich schmaleren Fiederblättern. Unten der Wald-Schachtelhalm, ebenfalls häufig im Weiß-Tannenwald zu finden.

Heidelbeere, doch treten auch anspruchsvollere Arten wie das Wald-Bingelkraut *(Mercurialis perennis)* hinzu. Wo es feucht wird, können Echtes Springkraut, Großes Hexenkraut und Wald-Schachtelhalm diesen Wäldern ein eigenes Profil geben. Mit Artenreichtum aber glänzt jener Flügel der Weiß-Tannenwälder, die auf basenreichen Böden stocken. Wintergrün-Weiß-Tannenwälder heißen sie nach dem Birngrün, der insgesamt recht seltenen, charakteristischen Art ihrer Krautschicht. Sie sind über sehr unterschiedliche Naturräume gestreut und zeigen dementsprechend viele, unterschiedliche Spielarten. In ihrer obersten Etage können auch Fichte und Kiefer vertreten sein, selbst einzelne Exemplare von Buche und Berg-Ahorn können sich darin verlieren. Wer mit dem systematischen Ehrgeiz eines Pflanzensoziologen gesegnet ist, hat mit Wintergrün-Weiß-

Flexible Tanne – die Walliser Trockentanne

Über den besonderen Wert der Weiß-Tanne *(Abies alba)* gibt es inzwischen keinen Zweifel mehr. Ihre besondere Pflege in Schwarzwälder Plenterwäldern ist ein rühmliches Beispiel für den Erhalt dieser Baumart, die in der Vergangenheit oft vernachlässigt wurde. Imposante, bis zu 600 Jahre alte Tannen-Exemplare stehen im Schweizer „Urwald Derborence". In der Altersphase dieses nicht nur streng geschützten, sondern auch gründlich untersuchten Waldes dominiert die Tanne von Natur aus, und der Alpendost ist ihr charakteristischer Begleiter.

Derborence liegt im subatlantisch geprägten Teil des Wallis, die sogenannte Walliser Trockentanne wächst im inneralpinen Teil mit subkontinentalem Klima. Diese Weiß-Tanne verhält sich entgegen der reinen Lehre, will sagen, sie kommt mit wenig Niederschlag aus und hält höheren Temperaturen stand. Unter dem Horizont des Klimawandels ist ihr deshalb die besondere Aufmerksamkeit sicher. Die bisherigen Erfahrungen im Schweizer Jura und im süddeutschen Raum mit Trockentannen-Herkünften bestätigen, dass sich ihre Eigenschaften auch außerhalb der angestammten Wuchsgebiete bewähren.

Tannenwäldern seine liebe Mühe. Denn hier kommt zusammen, was eigentlich nicht zusammengehört, gleich neben Säureanzeigern aus dem Bereich der Moose und Zwergsträucher wachsen anspruchsvolle Arten wie der Seidelbast oder das Rote Waldvöglein, eine hinreißende Blütenschönheit sogar unter den Orchideen. Das namengebende Birngrün (*Orthilia secunda*) gehört zu den Humuspflanzen, die auf Pilzhyphen angewiesen sind, um ihre Nährstoffe aus dem Boden aufzunehmen.

Die Fichte und die Fichtenwälder

Zuweilen scheint es, als würde der Fichte (*Picea abies*) ihre forstliche Karriere sozusagen persönlich übel genommen. Immerhin kann sie, seit von der Erderwärmung die Rede ist, auf einen gewissen Mitleidseffekt rechnen, die Erderwärmung teilt ihr die Rolle des Hauptopfers zu.

Weil die Fichte häufiger als Sündenbock herhalten muss, schadet die Erinnerung nicht, dass der Baum hierzulande sehr wohl auch natürlich vorkommt, dass er bodenständige Wälder und Mischwälder bildet. Dies allerdings erst ab etwa 700 (850) Metern, also in hochmontanen und subalpinen Lagen. Nach Westen verliert die Fichte an Konkurrenzkraft: Schon im Schwarzwald müsste sie deutlich hinter der Tanne zurückstehen, in den Vogesen hat sie keine natürlichen Vorkommen mehr.

Nur kleine Areale haben die reinen Fichtenwälder in der subalpinen Stufe der Alpen ab tausend Meter. Sie sind der Höhenlage entsprechend lichter ausgebildet als andere Nadelbaumformationen und kommen fast nur über Silikatgestein vor. Unter ihnen stellt sich der säuretolerante Grüne Alpenlattich (*Homogyne alpina*) so häufig ein, dass Baum und Staude der Waldeinheit ihren Namen gaben. Doch reichen Fichten in den nördlichen Alpen bis zur Waldgrenze hinauf.

Für die hohen und höchsten Lagen der Mittelgebirge geben die Gesellschaften des Peitschenmoos- und des Wollreitgras-Fichtenwalds den Ton an. Während das Dreilappige Peitschenmoos (*Bazzania trilobata*) eher im Westen seinen Verbreitungsschwerpunkt hat, ist das Wollige oder Berg-Reitgras (*Calamagrostis villosa*) östlich stärker präsent. Für den Nadelbaum ist es ein schwieriger Partner. Gerade auf verkahlten Flächen steht das Gras dicht an dicht, die Fichtensamen können seinen Teppich nur schwer durchdringen. Dafür besetzen die jüngsten Bäume oft zahlreich die Wurzelteller ihrer sturmgeworfenen Artgenossen, und auch deren vermodernde Stämme bieten ihnen ein Keimbett.

Die Hochlagen-Fichtenwälder der östlicher gelegenen Mittelgebirge (Šumava in Tschechien und Bayerischer Wald, Fichtel- und Erzgebirge, auch der Harz) werden vom Hauptbaum völlig beherrscht, Borkenkäferbefall kann diese Herrschaft schön herausarbeiten. Doch bei etlichen Waldformationen ist die Fichte nur Mitgesellschafter. Es gibt Buchen-Tannen-Fichtenwälder, Tannen-Fichtenwälder wie Fichten-Kiefernwälder, darunter einige, die allen Verbreitungsregeln zu spotten scheinen. Ein besonderes Kleinod sind die natürlichen Fichtenvorkommen bei Großdittmannsdorf im sächsischen Tiefland auf kaum mehr als 150 Metern Höhe. Dort treten sie an Moorrändern zusammen mit den länger benadelten Kiefern auf. Im Gebiet schmarotzt wie zur Bekräftigung die Kiefern-Mistel auf Fichten, ein hierzulande ganz ungewöhnlicher Übergriff. Überhaupt erlaubt ihre Säuretoleranz der Fichte, sich an den Moorrändern zu behaupten. Sie nimmt hier aber naturgemäß nur schmale Streifen ein, wenn nicht das Moor selbst – wie häufig der Fall – so gestört ist, dass die Fichten ins sonst baumfreie Zentrum vordringen können.

Nadelwälder 65

Eine interessante Erscheinung sind die Blockhaldenfichtenwälder, so genannt nach ihren wenig waldfreundlichen Standorten, die sich durch mehr oder weniger große Felsenmeere auszeichnen. Im Blockschutt haben es die Fichten nicht nur wegen der roh geklüfteten Steinlage schwer, sondern auch wegen der kalten Luftströme, die selbst im hohen Sommer durch den Wurzelraum streichen können. Diese Fichtenwälder zeigen nicht die Geschlossenheit anderer Formationen, säuretolerante Moose und Sträucher können sich hier ansiedeln.

Schließlich führte die waldbauliche Bevorzugung der Fichte zu Beständen, die eigentümlich zwischen Wald und Forst oszillieren. Hier würde der Nadelbaum zwar auch von Natur aus vertreten sein oder gar vorherrschen, doch hat die Forstwirtschaft kräftig nachgearbeitet. Hin und wieder sind einiger Scharfsinn und sehr gute Standortkenntnisse gefordert, um den täuschend natürlichen Wald als Forst zu enttarnen.

▼ Ein naturnaher Fichtenbestand

Nationalparks

Nationalpark Bayerischer Wald – der erste seiner Art

Was heißt Wildnis, was heißt unberührte Natur? Keine Frage, dass sie sich hierzulande immer erst entwickeln muss. Immer schon fertig sind die Vorstellungen von Wildnis in unseren Köpfen. Sie laufen, so unterschiedlich sie im Einzelnen sein mögen, doch auf den Wald hinaus, den Urwald eben.

Diesem kam der Bayerische Wald nahe. Ganz nebenbei sprach für ihn seine Entlegenheit, die geringeren Widerstand beim Nationalpark-Vorhaben erwarten ließ. Aber selbst hier geriet das Projekt zwischen die Fronten, es wurde ein Kampf, wie ihn auch später mancher Nachfolger durchzustehen hatte.

Mit der Erweiterung von 1997 umfasst der 1970 gegründete Park 242 Quadratkilometer, auf tschechischer Seite schließt sich der 1991 gegründete und knapp 700 Quadratkilometer große Nationalpark Šumava (Böhmerwald) an, beide gemeinsam bilden das größte Waldschutzgebiet Mitteleuropas. Der Bayerische Wald ist ein Mittelgebirge, das sich zu beachtlichen Höhen aufschwingt, doch fehlen ihm die spektakulären Gipfel. Bis auf etwa 600 Meter reichen die Hänge im Nationalpark herab, höchster Punkt ist der Große Rachel (1453 Meter). Hohe Jahresniederschläge (1000–2000 Millimeter) prägen das Gebiet ebenso wie das schon kontinental getönte Klima mit rauen und schneereichen Wintern. Hauptgesteinsarten sind die geologisch sehr alten Granit und Gneis, sie können zu imposanten Felspartien und Blockschutthalden verwittern.

Die Hanglagen werden noch von Bergmischwäldern mit Fichte, Tanne, Buche und Berg-Ahorn

▶ Der Lusengipfel mit seinem imposanten Blockschutt

Nationalpark Bayerischer Wald

Gründung: 1970

Größe: 242 km²

Kontakt
Nationalparkverwaltung
Bayerischer Wald
Freyunger Straße 2
94481 Grafenau

Internet
www.nationalpark-bayerischer-wald.de

geprägt, doch ab 1200 Meter herrschen die Bergfichtenwälder vor. Und die Aufichtenwälder des Nationalparks sind eine Besonderheit, die sich den nächtlichen Kaltluftströmen in den nassen Talmulden verdankt. Im Vergleich zur Šumava spielen die Moore, sie heißen hier Filze, eine geringere, aber immer noch prägnante Rolle. Eindrucksvolle Partien im Landschaftsbild sind die Bergwiesen, Schachten genannt. Oft weitab der Siedlungen gelegen, waren sie von Juni bis September Sommerweide des Viehs. Etliche Schachten entgingen ihrer behördlicherseits bereits verfügten Aufforstung, heute sind die einstigen Unterstellbäume markante Gehölz-Persönlichkeiten.

Die sauren, basenarmen Ausgangsgesteine dieses Nationalparks lassen weniger Artenvielfalt zu als die basenreicheren, etwa im Hainich. Aber bestimmte Pflanzengruppen sind doch machtvoll vertreten, genannt seien nur die Farne und Bärlappe. Von der Vielteiligen (*Botrychium multifidum*) und der Ästigen Mondraute (*Botrychium matricariifolium*), zwei kleinen, höchst seltenen, oft übersehenen Farnen, wachsen hier die deutschlandweit bedeutendsten Vorkommen.

Vor Jahrmillionen bildeten die Vorfahren der Bärlappgewächse noch Baumriesen, aus erdgeschichtlicher Perspektive sind die heutigen Bärlappe nur ein Schatten ihrer Ahnen. Häufig sind auch die

▲ Fallen mit dem Sexuallockstoff des Borkenkäfers können sicher die Ausbreitung des Tierchens im Nadelwald hemmen, aber bei einer Massenvermehrung stehen auch sie auf verlorenem Posten.

◄ Blick zum Großen Rachel, mit 1453 Metern der höchste Berg im Nationalpark Bayerischer Wald

▲ Auf den befallenen Waldstücken zeigt sich mehr oder weniger bald, dass sich die Fichte dort eindrucksvoll verjüngt.

häufigeren Vertreter dieser Familie nicht. Aber im Nationalpark bringen es die Bärlappe auf stattliche zehn Arten. Damit keineswegs genug, finden sich unter ihnen die äußerst raren Flachbärlappe mit allen sechs Arten, die hierzulande bekannt sind.

Borkenkäfer – Pioniere der Walderneuerung

Mit dem Nationalpark-Leitsatz „Natur Natur sein lassen" liegt das Hauptaugenmerk zwangsläufig auf der Waldentwicklung. Und aus Sicht seiner Vorreiter sprachen für einen Nationalpark Bayerischer Wald entschieden die großflächigen Bergfichtenwälder, deren Ausstattung als naturnah gelten

durfte. Ausgerechnet sie aber hat der Borkenkäfer seit Mitte der 1990er-Jahre in immer neuen Schüben heimgesucht. Die weithin sichtbaren Strecken fahlgrauer Nadelbaumleichen stehen quer zum liebevoll gehegten Bild einer ungekränkten Natur. Niemandem kann verübelt werden, wenn es ihm bei diesem Anblick kalt den Rücken herunterläuft, schwer fällt der Entschluss, in abgestorbenen Wäldern dieser Größe eine Art Naturschauspiel oder wenigstens Naturereignis zu sehen.

Gegen erhebliche Proteste wurden die Flächen im älteren, dem südlichen Teil des Nationalparks nicht aufgearbeitet. Noch heute verstummen die Widerreden nicht: der Natur ihren Lauf zu lassen sei schön und gut, aber keinen Amoklauf. Auch jenseits der Grenze zu Tschechien gab es im Kampf gegen den Borkenkäfer viele Irritationen bis hin zu der Drohung, weiträumige Kahlschläge anzuordnen und für den Nationalpark Šumava den

Faszination Luchs – Rückkehr auf leisen Sohlen

Als 1846 bei Zwiesel der letzte Luchs im Bayerischen Wald erlegt wurde, herrschte Erleichterung. Nach damaliger Sprachregelung war diese größte europäische Wildkatze eine Bestie: So heimlich lebte sie eben auch nicht, um das leichtere Beutemachen unter Weidetieren zu scheuen. Allerdings lassen Hinweise aus den Jahren 1954 und 1968 vermuten, dass Luchse hier sporadisch wieder auftauchten, auch im benachbarten Tschechien sollen Luchse gesichtet worden sein.

Menschen bekommen den Nördlichen oder Eurasischen Luchs (*Lynx lynx*) selten zu Gesicht. Seine unverwechselbaren Kennzeichen sind der auffallend kurze, dunkel gerundete Schwanz, vor allem aber die berühmten Pinselohren, von denen vermutlich die Wendung „aufpassen wie ein Luchs" herrührt. Leicht ließe er sich auch am gefleckten Fell erkennen, wenn ihn dieser Pelz in freier Waldbahn nicht so vorzüglich tarnen würde. Doch hat jedes Tier seine individuelle Zeichnung. An ihr kann es nicht nur erkannt, sondern auch wiedererkannt werden – vorausgesetzt es tappt von der Seite in die Fotofalle.

Die männlichen Tiere, Kuder genannt, sind um einiges größer und schwerer als die weiblichen, bis zu siebzig Zentimeter Schulterhöhe können sie erreichen und damit etwa so groß wie ein Schäferhund werden. Die Kuder haben beachtliche Reviergrößen von mindestens hundert Quadratkilometern. Zwar richten sich ihre territorialen Ansprüche auch nach dem Nahrungsangebot, aber da die Rehe als ihre bevorzugten Beutetiere nach einem Riss vorsichtig werden, setzt der Jäger mit den leisen Pfoten auf die Überraschung. Und um dort aufzutauchen, wo er nicht erwartet wird, braucht er viel Platz. Luchse sind Einzelgänger, die sich nur während der sogenannten Ranzzeit (im späten Winter bis in den Frühling) zwecks Fortpflanzung zusammenfinden.

Die Auswilderung der ersten Luchse im jungen Nationalpark war eine Art Schwarzarbeit. Die Naturschützer wollten jedes Aufsehen vermeiden, und so blieb bei der Aktion vieles im Dunkeln. Selbst über die Zahl der Tiere herrscht Ungewissheit, einiges spricht dafür, dass sie aus den slowakischen Karpaten stammten, wo die Wildkatze bis heute überlebte. In den 1980er-Jahren wurden dann im angrenzenden Böhmerwald 17 Tiere freigelassen.

Nachdem die Zahl der Nachweise zwischenzeitlich stark anstieg, scheint sie sich jetzt auf einem recht niedrigen Niveau zu festigen. Laut Fachliteratur müsste eine stabile Population mindestens fünfzig Tiere umfassen, aber das sind Schätzungen auf wenig gesicherter Datenbasis. Und wenn es in Mitteleuropa überhaupt noch geeignete Lebensräume für Luchse gibt, dann ist der Wald diesseits und jenseits der Grenze einer davon.

▲ Borkenkäfer-Fraßgänge samt Kinderstuben

Katastrophenzustand auszurufen. Selbst Expertenrunden, Symposien gar kommen zu keiner einheitlichen Bewertung.

Ein Blick weit nach Nordosten mag helfen: Die Nadel(ur)wälder der Taiga erneuern sich großflächig, nicht kleinräumig wie die Laubwälder unserer Breiten. Die Fichte ist als Flachwurzler besonders sturmwurfgefährdet, und seit je folgt den Stürmen der Borkenkäfer auf dem Fuß. Insofern sind beide, Sturm und Borkenkäfer, „natürliche Steuerungselemente". Mit den Worten des damaligen Nationalparkleiters: „Borkenkäferbefall ist ein Problem der Forstwirtschaft und kein Problem des Waldes."

Bündiger lässt sich der Perspektivwechsel nicht auf den Punkt bringen. Die Eingriffsverweigerer können ins Feld führen, dass der Waldnachwuchs auf den älteren Tummelplätzen des Borkenkäfers eindrucksvolle Zeichen der Erneuerung setzt – wenngleich das raue Klima der Hochlagen die Entwicklung verzögert, wachsen auf den ehemaligen „Totholzflächen" bereits mehr als 5000 junge Bäumchen pro Hektar.

Befragungen deuten darauf hin, dass die Touristen viel entspannter mit dem fremdartigen Landschaftsbild umgehen als die ortsfeste Einwohnerschaft, dass der Borkenkäfer also nicht auch noch einen Rückgang der Übernachtungszahlen verschuldet.

Der Wissenschaft eröffnet das Wirken des Borkenkäfers ein faszinierend weites Feld. Endlich einmal kann auf großer Fläche beobachtet und erforscht werden, welche Wege die Natur bei ihrer Rückkehr nimmt. Und vielleicht interessiert das ja auch den allgemeinen Waldliebhaber.

Nationalparks

Nationalpark Harz – größter Waldnationalpark Deutschlands

Ob ein Gebiet das Prädikat Nationalpark verdient, ist nicht zuletzt eine Frage der Größe. Und gerade das Ökosystem Wald braucht Weiträumigkeit, wenn es alle seine Möglichkeiten ausspielen soll. Die Schwierigkeiten häufen sich, sobald ihm diese Möglichkeiten im dicht besiedelten Deutschland zugestanden werden sollen.

Mit seiner Größe liegt der Nationalpark Harz souverän über den Mindestanforderungen. 2006 wurden seine beiden zuvor selbstständigen Teile (der niedersächsische und der sachsen-anhaltische) – endlich – vereinigt, seitdem erstreckt sich das Schutzgebiet über 247 Quadratkilometer, rund zehn Prozent der Gesamtfläche des Harzes. Damit war das werbewirksame Etikett „größter Waldnationalpark in Deutschland" gesichert, und das – um gleich noch einen Superlativ anzuschließen – im höchsten und nördlichsten Mittelgebirge Mitteleuropas. Außerdem ist wenigstens einen Hinweis wert, dass der neue Nationalpark die alte deutsch-deutsche Grenze übergreift.

Seine besondere Attraktion ist natürlich der 1141 Meter hohe Brocken. Andererseits liegt die untere Grenze des Schutzgebiets im Norden bei 230 Meter (im Süden bei 270 Meter). Und aufwärts zieht es sich vom Hügelland bis ins subalpine Gelände über nicht weniger als sechs Höhenstufen. Allerdings

▼ Herbstlich bunt spiegeln sich die Laubbäume im Wasser des Harzer Sösestausees.

Nationalpark Harz

Gründung: 1990/1994

Größe: 247 km²

Kontakt
Nationalparkverwaltung
Harz
Lindenallee 35
38855 Wernigerode

Internet
www.nationalpark-harz.de

▲ Die Schmalspurbahn auf den Brocken ist zweifellos eine Touristenattraktion, Naturschützer sehen sie mit gemischten Gefühlen.

beginnt hier die Kampfzone des Waldes schon bei 1050 Meter, während sie in den südlicheren Alpen um einige Hundert Meter höher liegt.

Schon diese weite Spanne lässt eine große Vielfalt der Waldbilder erwarten. Nur sind wir im Harz, einer lange bergbaulich intensiv genutzten Region. Seit dem 16. Jahrhundert kommen von hier Klagen über verwüstete Wälder, später wurde auch dieses Gebirge großflächig mit Fichten aufgeforstet. Demnach verwundert nicht, dass es vorerst nur zum „Entwicklungsnationalpark" reicht. In Zahlen: 41 Prozent sind „Naturdynamikzone", bis 2020 sollen die 75 Prozent erreicht sein, die den Harzer zu einem wirklichen Nationalpark machen.

Mit 82 Prozent ist die Fichte im Schutzgebiet vertreten, mit vorerst geringen zwölf Prozent die Buche. Immerhin treibt auch hier der Borkenkäfer die Entwicklung voran. Seine Aktivitäten begünstigen einen – ziemlich robusten – Waldumbau. Wohlgemerkt: Auch im Harz gibt es ab etwa 800 Meter Höhe die naturnahen Moor-Fichten- und (Bärlapp-) Block-Fichtenwaldgesellschaften mit eindrucksvollen, 200 Jahre alten Nadelbaumveteranen. Aber die unteren Regionen gehörten von Natur aus doch der Buche, ein Vorrang, der dem Baum jetzt auch eingeräumt wird.

Kommen wir noch einmal auf den Brocken zurück. Wegen seiner nördlichen Lage ist die Kuppe von Natur aus waldfrei: Diese Nacktheit hebt sie vom Erscheinungsbild her noch stärker heraus als ihre schiere Höhe. Klimatisch werden die Verhältnisse hier oben gerne mit denen Islands verglichen, der nordischen Insel, die ebenfalls keinen Waldwuchs erlaubt. So verwundert nicht, dass der Brocken immer schon als magischer Berg galt, erinnert sei nur an den Hexensabbat in Goethes *Faust*. Entsprechend groß ist noch heute die Zahl der

◀ Blick über die verschneiten Nadelbäume zum Brocken, mit 1141 Metern die höchste Erhebung im Harz. Im Nationalpark stellt die Fichte 82 Prozent des Baumbestandes, die Buche nur zwölf Prozent. Aber ab etwa 800 Meter gibt es auch naturnahe Moor-Fichten- und Bärlapp-Block-Fichtenwaldgesellschaften mit eindrucksvollen Nadelbäumen.

Brocken-Besucher. Viele davon meistern den Aufstieg mithilfe der historischen Brockenbahn, und der geballte Gipfelsturm ist in einem Nationalpark keineswegs unproblematisch.

Nur muss ebenso deutlich gesagt werden, dass der Harz schon eine Touristenattraktion war, als andere Gegenden immer noch die Abgeschiedenheit pflegten. Illustre Dichter haben seine Naturschönheiten besungen, von Goethe war schon die Rede, *Die Harzreise* steht am Beginn von Heinrich Heines Reisebildern. Zwar spricht Heine hartnäckig von Tannen, wo Fichten gemeint sind, dafür singt er das Hohe Lied der hiesigen Bäche und Flüsse, besonders „der lieben, süßen Ilse". Aber vom Standpunkt der Naturnähe verdient vielleicht doch Theodor Fontane die Palme. In seinem Roman *Cécile* wird auch die Schmerle *(Barbatula barbatula)* erwähnt. Allerdings lässt der Autor den kleinen Gründelfisch wegen seines außerordentlichen Wohlgeschmacks rühmen („Forelle, ja das ist mir recht,/Und doppelt recht die Schmerle").

Den Harzflüssen und -bächen wird seit je besondere Anmut zugesprochen, eher unter die herberen Landschaftsbilder rechnen die Hochmoore. Aber im Vergleich zu anderen Regionen haben sie hier die Zeiten der Torfgewinnung und Trockenlegung besser überstanden. Heute gehören sie zu den Pfunden, mit denen der Nationalpark wuchern kann. Natürlich wurde manchen Hochmooren auch im Harz das Wasser abgegraben, das ihnen jetzt wieder zugeführt werden kann. Dieser Wiederbelebung wird die eine oder andere Fichte zum Opfer fallen. Nichtsdestoweniger sind die Moor-Fichtenwälder am Rande der baumfreien Moore eine natürliche oder doch naturnahe Waldgesellschaft. Auch sie behaupten sich in einer Kampfzone, nur dass deren Waldwidrigkeit nicht von der Höhe, sondern vom nassen Untergrund bestimmt wird. Neben der Fichte gelingt es als einzigem Baum nur noch der Karpaten-Birke, hier ihr Dasein zu fristen.

Tannenhäher als Helfer

Die Almwirtschaft der Vergangenheit begünstigte die Lärche, weil unter ihren lichten Schirmen das Grünfutter besser gedieh. Neuerdings kann sich die Zirbe wieder stärker durchsetzen, dabei ist der Tannenhäher (*Nucifraga caryocatactes*) ein Bundesgenosse. Wie der verwandte Eichelhäher bei der Eiche sorgt er für den Fortbestand der Arve. Wenn er die hartschaligen Früchte in eine Zapfenschmiede geklemmt und mit seinem stabilen Schnabel geknackt hat, trägt er die delikaten Nüsse ins Versteck. Und obwohl er einen phänomenalen Orientierungssinn hat und seine Vorratskammern auch unter einer hohen Schneedecke ausfindig macht, bleibt doch mancher Samen übrig, der dann für den Fortbestand der Arve sorgt.

Lärche und Arve – die höchsten Nadelbäume

Wir haben noch nicht von den Nadelbäumen gesprochen, die ganz hoch hinaufsteigen. Am bekanntesten ist sicher die Europäische Lärche (*Larix decidua*), obwohl sie ihre Bekanntheit den niederen Höhenstufen und dem Flachland verdankt. Dort hat sie als Park- und Forstbaum eine zweite Heimat gefunden, auf den rohen Böden der subalpinen Steilhänge und Blockschutthalden setzt sie sich als typischer Pionier fest.

Die Lärche kann sowohl sommerlicher Hitze trotzen als auch Temperaturen bis -40 Grad überstehen. Zu ihrer Überlebensstrategie gehört wesentlich, dass sie als einziger Nadelbaum Mitteleuropas im Herbst ihr Grün verliert. So läuft sie gar nicht erst Gefahr, während der kalten Jahreszeit Fotosynthese zu betreiben.

Die Lärche bildet auch in den Alpen selten Reinbestände, zu den Ausnahmen gehören die inneralpinen Trockentäler. Mit ihr zusammen stellt die Arve, Zirbe oder Zirbel-Kiefer (*Pinus cembra*) die weitest vorgeschobene Waldgesellschaft. Ein Vorposten der Waldkulisse, bieten ihre gezausten Exemplare dankbare Motive für den Fotografen. Die Arve gibt Gelegenheit, existenziellen Trotz gegen die Ungunst eines Standorts effektvoll ins Bild zu setzen.

Wo die Waldgrenze wesentlich eine Wärmemangelgrenze ist, widersteht die Arve den niedrigen Temperaturen mit anderen Mitteln als die Lärche. Der hierzulande frosthärteste Baum behält seine Nadeln, stellt aber den Gasaustausch durch ihre Spaltöffnungen völlig ein, sobald seine dünne Splintholzschicht gefroren ist. Schon im Herbst beginnt die Blattleitfähigkeit abzufallen. Das Plasma in den Nadelzellen wird zähflüssiger und an den kältesten Tagen hat ihr Wasseranteil die geringsten Werte, sodass ihr Inneres nie völlig zu Eis erstarrt.

Die Lärche bereitet der Arve den Boden, diese Kiefernart erträgt Schatten und kann unter den Lärchen heranwachsen. Das geschieht allerdings sehr, sehr langsam, dafür kann der Baum auch das magische Alter von tausend Jahren erreichen. Im Allgemeinen bringt er es auf zwei bis vier Jahrhunderte.

◂ Die Pionierleistung dieser Zirbel-Kiefer (*Pinus cembra*) spricht für sich selbst.

Nationalparks

Nationalpark Berchtesgaden – Bäume bis hoch hinauf

Dieser 208 Quadratkilometer große Alpen-Nationalpark im Südosten Bayerns hat eine einschlägige Vorgeschichte. Schon 1910 wurde ein „Pflanzenschonbezirk Berchtesgadener Alpen" eingerichtet (83 Quadratkilometer). Er sollte das floristisch sehr attraktive Gebiet vor den Handgreiflichkeiten der vielen Blumenliebhaber schützen, die hier den andernorts raren Blütenschönheiten nachstellten. Elf Jahre später entstand mit dem Naturschutzgebiet Königssee ein bedeutend erweiterter Nachfolger, der um nur zehn Quadratkilometer vergrößert 1978

Nationalpark Berchtesgaden

Gründung: 1978

Größe: 208 km²

Kontakt
Nationalparkverwaltung Berchtesgaden
Doktorberg 6
83471 Berchtesgaden

Internet
www.nationalpark-berchtesgaden.de

▶ *Das* Fotomotiv im Nationalpark Berchtesgaden: der Königssee mit der Kapelle St. Bartholomä, darüber die Watzmann-Ostwand

Das Birkhuhn – Bewohner mit höchsten Ansprüchen

Die beiden Birkhähne im Bild messen sich einstweilen nur mit den Blicken. Noch heute wird im Alpenraum gelegentlich der gesungene *Spielhahnsegen* angestimmt, und natürlich geht es dem Hahn dabei an den Kragen. Aber die Tiere sind derart selten geworden, dass sich die Jagd auf sie verbietet. Übrigens braucht das Birk- wie auch das nahverwandte Auerwild lichte Waldstrukturen, im dicht geschlossenen Hochwald hat es keine Überlebenschance.

Nationalparks

zum Nationalpark Berchtesgaden wurde. 1990 wies dann die UNESCO das Biosphärenreservat Berchtesgadener Land aus (467 Quadratkilometer); seine Kern- und Pflegezone ist mit dem Nationalpark identisch, seine Entwicklungszone erstreckt sich als Vorfeld nach Norden.

Folie all dieser Daten ist der Alpentourismus; er hatte und hat im Berchtesgadener Land einen seiner Schwerpunkte. Nachdem das Hochgebirge, lange Inbegriff einer menschenfeindlichen, bestenfalls rückständigen Ödnis, nun als Sehnsuchtslandschaft erlebt wurde, gehörte das Ensemble von Königssee und Watzmann entschieden zu seinen Ikonen. Die Anziehungskraft der Gegend bewirkte um die Wende vom 19. zum 20. Jahrhundert einen Anstieg der Bevölkerungszahlen, wie ihn damals nur wenige Regionen des Alpenraums verzeichnen konnten.

Noch weiter zurück führen die massiven Eingriffe in die hiesigen Wälder. Von Ursprünglichkeit konnte bei ihnen schon seit dem 14. Jahrhundert nicht mehr die Rede sein. Sie wurden nach den Erfordernissen der Salzgewinnung wenn nicht geplündert, dann doch „umgebaut". Das Holz kam aus den montanen und hochmontanen Bergmischwäldern. Mit ihren Hauptbaumarten Buche, Tanne und Fichte würden sie noch heute zwei Drittel des Nationalparks einnehmen, wäre es nach der Natur gegangen. Aber schon im Mittelalter hatte ja vor allem die Buche das Nachsehen gehabt. Denn Nadelholz ließ sich besser flößen, also kostengünstiger zu den Salinen transportieren.

Die uniformen Fichtenforste besonders am Nordrand des heutigen Schutzgebiets haben demnach eine lange Tradition. Wie andernorts sind die Fichten auch hier durch Windwurf und Borkenkäfer besonders gefährdet, aber hier oben stört das eben nicht nur den Schönheitssinn oder die Forstwirtschaft. Der Wald ist im Hochgebirge immer auch Schutzwald. Wenn er geschwächt wird, liegt darin ein ganz anderes Bedrohungspotenzial.

Die Frage der „Waldpflege" stellt sich ebenso dringend wie grundsätzlich. Grundsätzlich soll im Nationalpark der Natur freien Lauf gelassen, aber der Wandel von „naturfernen" zu naturnahen Beständen doch nicht der natürlichen Sukzession überlassen werden, die womöglich unberechenbar und hier oben jedenfalls besonders schleppend verläuft. Die Eingriffe bleiben jedoch auf die permanente Pflegezone beschränkt, das Hauptaugenmerk gilt der Tanne. Denn auch im Nationalpark Berchtesgaden muss das Lied vom „extremen Wildverbiss" angestimmt werden. Hirsch, Reh und zusätzlich Gämse, sie haben eine besondere Vorliebe für diesen Baum. Andernorts helfen die teuren, aber effektiven Schutzzäune, hier nicht: In den Zäunen könnte sich das höchst rare Auer- und Birkwild verfangen.

Der Nationalpark Berchtesgaden reicht über die Baumgrenze hinaus, in Grenzlagen tritt die Lärche zur Fichte. Noch höher steigen auch hier die Lärchen-Arvenwälder; auf dem Gebiet der Bundesrepublik haben sie in diesem Nationalpark ihre Domäne. Darüber hinaus verdient eine Kiefernart eigens erwähnt zu werden. Im hinteren Wimbachgries, dem Hochtal zwischen Watzmann und Hochkalter, gibt es ein regelrechtes Spirkenwäldchen. Die Spirke ist eine Unterart der Berg- oder Latschen-Kiefer (*Pinus mugo*), manche Botaniker gestehen ihr auch den Artrang zu (*Pinus uncinata*). Während die flach ausstreichende Berg-Kiefer (Legföhre) im sogenannten Krummholzgürtel eine Art Ouvertüre zum Wald bildet, steht die Spirke aufrecht. Sie kann sich zwar nur auf solchen Schuttflächen wie hier halten, befestigt aber den Boden außerordentlich. Das Gehölz bringt es weiter südlich zu zweifelloser Baumhöhe, hier werden ihre Exemplare nur bis zu acht Meter groß.

Alpenveilchen und Christrose

Der Pflanzenreichtum dieses Nationalparks soll mit wenigstens zwei Vertretern gewürdigt werden.

Den höchsten Bekanntheitsgrad hat das Alpenveilchen (im Bild unten). Allerdings sind die vertrauten Zimmer- und Zierpflanzen meist Zuchtformen einer Art, die aus Kleinasien stammt. Das Europäische Alpenveilchen *(Cyclamen purpurascens)* gehört zur ostalpinen Flora; die ansehnlichen Bestände im Nationalpark dürfen nicht darüber hinwegtäuschen, dass die Art sonst nur ganz selten zu finden ist. Eine noch geringere Verbreitung hat die Christrose *(Helleborus niger)*, deren natürliche Vorkommen in Deutschland kaum über den Berchtesgadener Raum hinausreichen. Sie verdankt ihre Anziehungskraft dem frühen Erscheinen ihrer spektakulärsten Einzelheit, den großen Blütenhüllblättern. Dies rosa überhauchte Weiß erglänzt zwar nur ausnahmsweise um Weihnachten über dem Schnee, doch das hat der Nachfrage keinen Abbruch getan. Ein älteres Botanikwerk berichtet noch von rüden Plünderungen, nennt sogar zwei Firmen beim Namen, die für diesen Raubbau verantwortlich waren.

Von beiden Pflanzen wurden die unterirdischen Teile genutzt. Die flache Knolle des Alpenveilchens, für den Menschen stark giftig, wurde an die Schweine verfüttert, denen ihre Saponine nichts ausmachten. Bei der Christrose weist schon der Zweitname Schwarze Nieswurz darauf hin, dass ihr unterirdischer Teil in den Schnupftabak kam. Wichtiger noch: Beide kalkholden Gewächse gehören zur Ausstattung der Bergmischwälder, sind also nicht wie andere grüne Raritäten des Nationalparks im Offenland zu Hause.

▲ Mit heroischer Geste: eine Latschen-Kiefer (Pinus mugo) an steiler Wand

An den Rand gedrängt – Kiefernwälder

Mancher war überrascht, als die Wald-Kiefer (Pinus sylvestris) 2007 zum „Baum des Jahres" gekürt wurde, und gleich ging der Verdacht um, hier habe die geringe Zahl der Kandidaten zu einer Verlegenheitswahl geführt. Dieser Verdacht tut der Wald-Kiefer unrecht. Wo sie sich frei entfalten kann, glänzt sie mit kühner Ästhetik, und kaum eine Kiefern-Krone gleicht der anderen.

Im Übrigen belehrt schon ein Blick über die Landesgrenzen, dass sich dieser Nadelbaum die Ehrung verdient hatte. Von allen Koniferen hat er das weltweit größte Verbreitungsgebiet, behauptet sich sowohl in der spanischen Sierra Nevada und auf dem Olymp wie in Schottland und Skandinavien, östlich reicht er bis ins sibirische Amurgebiet. Warme Sommer und trockenkalte Winter sagen ihm zu.

Nach der Fichte ist die Wald-Kiefer der zweithäufigste deutsche Baum, sie beherrscht hier vor allem den flachen Nordosten. In Österreich ist die Wald-Kiefer der dritthäufigste Baum, in der Schweiz trägt sie zur Gesamtheit der Bäume nur den relativ geringen Anteil von etwa 3,4 Prozent bei. Ihr Hauptverbreitungsgebiet reicht in Europa bis nach Sibirien hinein, im Norden bis nach Lappland. Und selbst die Mitte der Iberischen Halbinsel bietet ihr noch einen Lebensraum, in der spanischen Sierra de Guadarrama steigt sie bis auf 2000 Meter.

Die Häufigkeit der äußerst lichtbedürftigen Wald-Kiefer steht in denkbar großem Gegensatz zu ihrer Konkurrenzschwäche. Doch in vielen Gegenden hatte sie wie andernorts die Fichte den Rang eines „Brotbaums", und nicht anders als die Fichtenbestände wurden die Kiefernbestände großenteils von Menschenhand begründet.

Nun geht die Baumart bundesweit so heftig wie keine andere zurück. In den bayerischen Wäldern kam sie 1970 noch auf 25 Prozent, derzeit nur noch auf 16. Unsereiner (und vorerst nicht der Klimawandel) lässt sie ins Hintertreffen geraten. Wo sie die Förderung verliert, kann sie sich gegen andere Bäume nicht behaupten – sogar auf Standorten, die lange als ihre Domäne galten.

So fällt es nicht besonders leicht, die Natürlichkeit, genauer die Naturnähe von Kiefernwaldgesellschaften einzuschätzen. Gerade dort, wo sie bessere Holzqualitäten liefert, ist sie nicht zu Hause. Sie weicht sozusagen aus der Mitte der Waldgesellschaften an die unwirtlichen, gerade noch besiedelbaren Standorte aus. Hier behaupten ihre Gesellschaften immer nur kleine Flächen, aber diese um so prägnanter. Nicht von ungefähr wird sie der „Hunger-" oder „Überlebenskünstler" unter den Bäumen genannt. Deshalb gilt eine paradoxe Faustregel: Wo die Wald-Kiefer mit den kümmerlichsten Exemplaren vertreten ist, besteht der meiste Anlass, von einem naturnahen Standort auszugehen. Selbst dann ist häufig Vorsicht angebracht: Denn auch diese Gesellschaften können durch zu starke Beanspruchung entstanden sein.

Die wichtigsten Kiefernwaldgesellschaften

Auf stark sauren, sehr nährstoffarmen Quarzsanden und -kiesen, aber auch auf den quarzitischen Felsköpfen stockt der Flechtenreiche Kiefernwald, der mit ganz wenig Humus auskommen kann. Lichthungrige Strauchflechten geben diesem Waldtyp oft das Gepräge, die bekanntesten unter ihnen sind Rentierflechte (*Cladonia portentosa*) und Isländisches Moos (*Cetraria islandica*). Trotz seines deutschen Namens ist dieses Moos eine Flechte, dessen Droge noch heute als probate Medizin gegen chronische Bronchialkatarrhe gilt.

Allerdings darf der Gesellschaftsname nicht täuschen: Auch in diesen kargen Wäldern können Moose vorherrschen. Und im Norddeutschen Tiefland reicht das Silbergras (*Corynephorus canescens*) von den Flugsanden bis in solche Kieferngehölze hinein. In den hohen Sandsteinriffen der Sächsischen Schweiz und den Quarzitfelsen des Bayerischen Walds mit ihren extremen kleinklimatischen Bedingungen tritt gelegentlich die stark gefährdete, ebenfalls heilkräftige Bärentraube (*Arctostaphylos uva-ursi*) hinzu. Und nur hier dürften die Flechtenreichen Kiefernwälder natürlichen Ursprungs sein, während ihre Vorkommen auf den Binnendünenzügen des Norddeutschen Tieflands sich wohl menschlicher Übernutzung verdanken.

Die sogenannten Weißmoos-Kiefernwälder nehmen größere Flächen ein und bilden etwas mächtigere Humusauflagen. Sie unterscheiden sich durch keine nur ihnen zugehörige Arten, doch fehlen ihnen die Flechten. Dafür können hier die Zwergsträucher Heidel- und Preiselbeere gedeihen, gelegentlich auch die Besenheide. Vergleichsweise noch besser ausgestattet sind die Drahtschmielen-Kiefernwälder. Der sprechende Name Drahtschmiele (*Deschampsia flexuosa*)

◀ Ein originärer Kiefernwald-Standort ist der Darß im Nationalpark Vorpommersche Boddenlandschaft (oben). Kiefernforst nahe der polnischen Grenze, Mecklenburg-Vorpommern (unten).

gehört einem zähen Süßgras, das etwa auf der Lüneburger Heide das Heidekraut bedrängt und damit den spätsommerlichen Blütenzauber zu ersticken droht. In diesem Waldtyp sind die Kiefern von kräftigerer Statur, die Beerensträucher treten zurück und höherwüchsige Gehölze können sich behaupten.

Immer wieder machen die Lebensraum-Kartierer darauf aufmerksam, dass diese Waldformationen auf dem Rückzug sind. Entweder werden sie von anderen Waldgesellschaften im Laufe der natürlichen Sukzession abgelöst oder der Mensch bewirkt ihr Verschwinden. Dabei wurde ihre Natürlichkeit oder doch Naturnähe lange stillschweigend vorausgesetzt. Jetzt müssen oft die brutalst möglichen „Entnahmemaßnahmen" greifen, um sie zu schützen. Schon die allgemeinen Nährstoffeinträge aus der Luft bedrohen die Existenz dieser nährstoffarmen Varianten. Und eine Schweine- oder Rindermastanlage in seiner Nähe kann ein einzelnes Vorkommen gefährden.

So sauer wie die zuvor genannten Spielarten brauchen es die ebenfalls flechtenreichen Krähenbeeren-Kiefernwälder auf den Dünen an der Ostseeküste (etwa auf Rügen oder dem Darß) nicht. Und wenn unter den Wald-Kiefern der Doldenblütler Berg-Haarstrang (*Peucedanum oreoselinum*), wenn Sand-Thymian (*Thymus serpyllum*) sowie Hunds-Veilchen (*Viola canina*) vertreten sind, dann lässt sich schon von einer artenreichen Pflanzengemeinschaft sprechen, wie sie sich etwa nahe der Oder im nordöstlichen Brandenburg findet. Dieser Waldtyp steht den sogenannten Steppen-Kiefernwäldern nahe, die den nicht ganz glücklich gewählten Namen ihrem häufigeren Auftreten in Osteuropa verdanken. In Deutschland kommen sie, selten genug, im Nordosten und im äußersten Südwesten vor. Ihre Krautschicht zeichnet sich durch die auffällige Häufung der sonst selteneren Wintergrüngewächse aus.

Extreme Trockenheit kennzeichnet auch bestimmte naturnahe Kiefernwälder auf Karbonatgestein. Auf steilen, felsigen Kalk- und Dolomithängen markieren sie das Ende aller Waldentwicklung, aber sie gründen

▼ Die Rentierflechte *Cladonia portentosa* (oben). Das Steinröschen (*Daphne striata*, auch Gestreifter Seidelbast genannt, Mitte) findet sich als große Kostbarkeit in den lichten Karbonat-Kiefernwäldern. Die Bärentraube (*Arctostaphylos uva-ursi*, unten) schmückt selten die Flechtenreichen Kiefernwälder.

auch auf den jungen Schotterböden der Alpen- und Voralpenflüsse. Sie fallen durch einen besonderen Artenreichtum auf, Sträucher wie die Echte Felsenbirne (*Amelanchier ovalis*) oder der Wollige Schneeball (*Viburnum lantana*) gedeihen hier im Unterwuchs.

▶ Die kalkholde Dunkelviolette Akelei (*Aquilegia atrata*, links) findet sich an den Säumen lichter Kiefernwälder, vor allem in den Alpen. Zur Strauchschicht der Karbonat-Kiefernwälder kann auch der Wollige Schneeball (*Viburnum lantana*, rechts) gehören.

Der Lech trägt (oder trug vielmehr) einen Hauch von Alpenflora bis vor die Tore Augsburgs. Überhaupt haben die Karbonat-Kiefernwälder im Alpenraum ihren Schwerpunkt, sie finden sich jedoch auch auf der Fränkischen oder Schwäbischen Alb. Zu ihren Schätzen gehören Schwarzviolette Akelei (*Aquilegia atrata*) und das Steinröschen *(Daphne striata)*, eine Seidelbast-Verwandte, stark giftig, aber von betörendem Blütenduft. Andernorts selten ist auch der Frühblüher Schneeheide (*Erica herbacea*); Schneeheide-Kiefernwälder zeichnen häufig an den Steilhängen der Kalkalpen die Föhnbahnen nach.

Die letztgenannten Gesellschaften frieren ein nacheiszeitliches Waldbild ein, das damals der namengebende Nadelbaum prägte. Aber so unbestritten hoch ihre Bedeutung für den botanischen Artenschutz ist, haben sie heute einen schweren Stand. Hinter vorgehaltener Hand räumen Naturschützer ein, dass ihre Existenz oft dem reichlich vertretenen Schalenwild geschuldet ist. Es hält den Übergang zu reiferen Waldstadien auf, einen Übergang, der einige Seltenheiten wenigstens aus der Pflanzenwelt verschwinden lässt.

Auch auf der nassen Seite des Waldspektrums besetzen die naturnahen Kiefernwaldgesellschaften den äußeren, ganz nährstoffarmen und sauren Rand, auch hier sind sie Überlebenskünstler. Die Verhältnisse erlauben keine prachtvollen Baumexemplare; sollten einer Berg-Kiefer imposantere Höhen vergönnt sein, ist sie im nachgiebigen Wurzelgrund höchst sturzgefährdet. Hochmoore kann das Gehölz allerdings nur erobern, wenn sie im Sommer längere Zeit austrocknen. Sonst lassen Kiefern-Moorwälder auf Moorstadien schließen, die immer noch Kontakt zum Grundwasser haben.

Wie bei anderen Moor- oder Bruchwäldern auch, ist die Nässe der bei Weitem wichtigste Standortfaktor. Sie sind im nordöstlichen Tiefland Mitteleuropas, also in den sommerwarmen und winterkalten Lagen, ähnlich weitverbreitet wie die Flechtenreichen oder Weißmoos-Kiefernwälder auf der Trockenseite, nehmen aber häufig noch kleinere Flächen ein. Und wie diese Trocken-Wälder oft Arten der offenen Sandrasen aufnehmen, können sich in den ohnehin sehr lückenhaften Moorwäldern Pflanzen der offenen Moorflächen behaupten.

◀ Der Volksname deutet an, dass das unscheinbare Silbergras (*Corynephorus canescens*, links) auf den zweiten Blick durchaus seine Reize hat. Es ist ein Pionier auf den Flugsanden, hält sich aber auch in den dünennahen lichten Kiefernwäldern. Das Hunds-Veilchen (*Viola canina*, rechts) wächst in den sogenannten Steppen-Kiefernwäldern.

Au- und Bruchwälder

Au- und Bruchwälder

Wald mit nassen Füßen

Eine Aue reicht so weit wie das höchste Hochwasser eines Flusses, und wo sein Hochwasser hinreicht, hat der Fluss das letzte Wort: Beim Anschwellen kann ein Fluss ohne Weiteres das Fünfzigfache seiner Niedrigwassermenge aufbieten. Viel Willkür zeigt er bei der Schaffung von Lebensräumen. Daraus folgt, auch für die Bäume in seiner Niederung: Sie müssen dem extremen Schwanken des Wasserstands gewachsen sein.
Wälder gelten als Muster von Stabilität und Dauerhaftigkeit. Für Auwälder stimmt das nur bedingt, denn die nächste große Flut kann hier eine Schotterbank zurücklassen und dort eine Partie Auwald mit sich reißen. Und doch ist öfter Segen als Fluch, wenn ein Fluss über die Ufer tritt. Seine Fracht düngt den Boden, jedes geflutete Stück Land profitiert davon. Deshalb hat übrigens der Stickstoffanzeiger Brennnessel, oftmals als „Unkraut" geschmäht, in den Auwäldern einen natürlichen Lebensraum.
Und schon möglich, dass dieser Wald nach einem Hochwasser eher einer Müllkippe ähnelt. Aber das Strandgut gehört zu ihm, und ein richtig hohes Hochwasser gibt seinen Bäumen Gelegenheit zu zeigen, was eine Harke ist. Vielleicht findet sich sogar ein gutwilliger Betrachter, der den Plastiktüten im Gezweig eine ganz eigene Ästhetik zubilligt.
Aber die Abfallwimpel passen nicht wirklich: Wenn irgendein heimischer Wald, dann kommt er, kommt genauer seine Hartholzaue, unseren Vorstellungen vom Urwald am weitesten entgegen. Jedenfalls dann, wenn der tropische Regenwald für die Ur-Natur einsteht. Der Fluss sorgt für die Vielfalt der Waldbiotope, für das machtvolle Erscheinungsbild des Baumensembles. Und

▲ Dass Auwaldbäume wie in den oberbayerischen Isarauen leicht bemoosen, liegt nicht nur an ihrer Wassernähe, sondern auch an der hohen Luftfeuchtigkeit.

◄ Auwälder müssen den extremen Schwankungen des Wassers gewachsen sein, und eine starke Flut kann auch für ihre mächtigsten Bäume etwas Mitreißendes haben. Aber dieser Wald profitiert auch vom Hochwasser, dessen Fracht ihn reichlich düngt. So bietet er solch imposante, urwaldgleiche Naturschauspiele wie an der niedersächsischen Elbe.

nicht zuletzt führt der Auwald besonders eindrucksvoll vor, wie viel Leben im sogenannten Totholz steckt.
Aber gerade diesem Wald ging es oft am heftigsten an die Substanz. Schon früh lockte überall die Fruchtbarkeit des Talbodens, auf dem er wurzelte. Überall wurden die Flüsse begradigt, ihr Wasserregime veränderte sich völlig, Hartholzauen hinter den Deichen erreichte kein Hochwasser mehr. Gerade an den ganz großen Fließgewässern blieben vom Auwald nur klägliche Reste erhalten. Das gilt besonders für Rhein, Donau oder Elbe. Ihr Ausbau zu besseren Kanälen ließ Auwälder im großen Stil verschwinden, wo sie erhalten blieben, gestalteten forstliche Eingriffe das Waldbild um. Dabei liegt in der Natur der Sache, dass sich ein Auwald umso eindrucksvoller ausprägt, je größer die Flüsse sind und je breiter sie dahinströmen. So gibt es nur mehr wenig Gelegenheit, das variantenreiche Zusammenspiel von Fluss und Wald zu studieren.
Seinen ganz eigenen Charakter verdankt der Auwald dem Fluss. Während das Großklima für die meisten Pflanzengesellschaften die entscheidende Rolle spielt, lassen die extremen Bodenverhältnisse hier alle anderen

Faktoren in den Hintergrund treten, Biologen sprechen im Fall des Auwalds von azonaler Vegetation. Die übrige Flora mag Welten trennen, die Auwälder ähneln sich, ob sie den Rhein oder den Amazonas begleiten.

Die Weichholzaue

Immer gesetzt den Fall, der Fluss darf halbwegs so, wie er will, ist die Aue ein Spiegelbild seiner Wandlungsfähigkeit. Dabei hält jedes Sumpfloch (samt Mückenpulk darüber) den Verursacher gegenwärtig, bis an den Auenrand können sich die Altarme oder doch Altgewässer ziehen, Zeugnisse der vergangenen, vielleicht sogar Andeutungen der zukünftigen Flusswege. Währenddessen nimmt er irgendwo in den grünen Kulissen seinen derzeitigen Lauf, durch dichtes Unterholz getarnt und für das Auge unsichtbar.

Auwälder haben beides: Nährstoffreichtum und einen schweren Stand. Auch wenn sich ein Fluss lange mit seinem Bett begnügt, ist seine Umgebung doch so wassergesättigt, dass hier nicht jede Baumart eine Überlebensstrategie entwickeln kann. Die Biologen unterscheiden zwischen Weichholz- und Hartholzaue. Dem Wasser am nächsten stockt das „Weichholz", es toleriert auch häufigere und längere Überschwemmungen.

▼ Die Weidenmeise (*Poecile montana*) fühlt sich im Weichholzauenwald wohl. Sie bevorzugt morsche Bäume, und ohnehin kommen ihr die weichen Hölzer entgegen, wenn sie sich ihre Nisthöhle zimmert.

Meist gibt es ein strauchiges Vorspiel, der exponierte Standort empfiehlt den niedrigen Wuchs. Die Pioniere sind meist Weiden, sie wachsen rasch und trotzen der starken mechanischen Beanspruchung. Korbmacher wussten die Biegsamkeit von Weidenruten zu schätzen. Und sie hielten sich an die Faustregel: Je schmaler die Blätter, desto flechtwilliger die Zweige. Denn sowohl die Form des Laubwerks wie die Elastizität der Gerten können mit der Notwendigkeit erklärt werden, dem Wasser den geringsten Widerstand entgegenzusetzen. Aus dem Osten, wo sie häufiger den Eisgängen ausgesetzt ist, kommt die Bruch- oder Knack-Weide (*Salix fragilis*). Sie betont ihre Zerbrechlichkeit sogar durch ein akustisches Signal. Knack-Weiden haben an der Zweigbasis gewissermaßen eine Sollbruchstelle, die zum Überleben der Art entscheidend beiträgt. Wenn das Hochwasser die Gerte losgerissen und verfrachtet hat, kann sich dieses Teil andernorts rasch wieder

◀ Auf der Fotografie bilden die Silber- als Kopfweiden eine ganze Allee. Außerdem erklärt sie zwanglos, woher die Kopfweiden ihren Namen haben. Und obwohl die meistgebrauchte Substanz gegen Kopfschmerzen ursprünglich aus Weiden gewonnen wurde, können Kopfweiden rasch einen (zu) schweren Kopf bekommen, wenn sie nicht gepflegt, also die Rutenzweige geschnitten werden.

bewurzeln und in die Auenvegetation eingliedern. Die gleiche Art Hinfälligkeit hilft der Korb- oder Hanf-Weide (*Salix viminalis*) sich auszubreiten, und auch die Reif-Weide (*Salix daphnoides*) nutzt das Hochwasser zur vegetativen Vermehrung. Allerdings kommt die Reif-Weide von Natur aus nur in den höheren Gebirgsregionen vor.

Von einem Wald lässt sich erst sprechen, wenn einige höherwüchsige Gehölze zusammenkommen. Die Bruch-Weide wird immerhin um die zwölf Meter hoch, ebenso die Lorbeer-Weide (*Salix pentandra*). Die imposantesten Exemplare im Lebensraum Weichholzaue stellt jedoch die Silber-Weide (*Salix alba*), nach ihr heißt auch die hier meist verbreitete Waldgesellschaft. Ihre Höchsthöhe von gut zwanzig Metern kann diese Weide bei einem jährlichen Zuwachs von zwei Metern schnell erreichen.

Der Begriff Weichholz zielt auf die Bearbeitbarkeit, ist aus botanischer Sicht also eine Verlegenheitslösung. Weiden fehlt das harte Kernholz, sie besitzen nur

▲ Der Schwarzstorch ist immer noch selten, aber die Zahl seiner Brutpaare zeigt eine steigende Tendenz. Inzwischen ist das Tier vielerorts häufiger vertreten als sein naher Verwandter, der besser bekannte Weißstorch.

▼ Überschwemmte Weichholzaue im Nationalpark Donau-Auen im frischen Frühlingsgrün

sogenanntes Splintholz. Doch verhalten sich die inneren Schichten dieses Splints wie das Kernholz anderer Bäume, sie leiten kein Wasser mehr von den Wurzeln nach oben. Mit dem Verlust dieser Aufgabe verliert das Weidenstamminnere den Gerbsäureschutz. Das Holz fault, was vielen Tierarten zugute kommt, denen Silber-Weiden Unterschlupf oder Nistgelegenheit bieten. Eine davon ist den Bäumen namentlich verbunden: Die zierliche Weidenmeise *(Poecile montana)* baut eigene Bruthöhlen ins morsche Holz.

Die Hartholzaue

Weiden und Pappeln profitieren vom Nährstoffreichtum ihrer Standorte, so schwierig der im Einzelfall aufzuschließen sein mag. Vom fruchtbaren Schwemmmaterial, das die Flüsse absetzen, ziehen aber auch die Bäume der Hartholzaue ihren Nutzen. Um ihre Stammbasis schwappt das Wasser oft nur wenige Tage und das nicht einmal in jedem Jahr. Lange würden diese Gehölze nasse Füße und den damit einhergehenden Sauerstoffmangel auch nicht vertragen.

Gut genährt, finden sich unter den Bäumen der Hartholzaue prächtige Exemplare. Aber zuerst sollte von den Lianen oder lianenähnlichen Gewächsen die Rede sein. Sie sind in der hiesigen Flora nicht gerade zahlreich vertreten, prägen aber oft das Waldbild der Hartholzaue. Aus der Tropenperspektive gebührt der Schmerwurz *(Tamus communis)* die erste Erwähnung. Sie gehört zur Familie der Yamswurzgewächse, deren Heimat meist die tropischen, jedenfalls warmen Klimate sind. Allein die Schmerwurz hat es bis nach Mitteleuropa geschafft. Und auch hierzulande beschränken sich ihre Vorkommen auf den Moselraum und den Oberrhein. Ursprünglich weiter verbreitet war der Wilde Wein *(Vitis vinifera* subsp. *sylvestris)*, der heute nur noch am Oberrhein wächst. Dafür rankt der Gewöhnliche Hopfen *(Humulus lupulus)*, also die Wildform der Bierwürze, noch häufiger im Auwald, regelmäßig sind außerdem Efeu

Die Schwarz-Pappel

Zwischen der Weich- und Hartholzaue nimmt die Schwarz-Pappel *(Populus nigra)* eine Mittlerstellung ein. Sie verträgt die Überschwemmungen weniger gut als Weiden und Erlen, aber besser als die Bäume der Hartholzaue. Bis dreißig Meter kann eine Schwarz-Pappel hoch werden, sie fällt also in der Weichholzaue schon durch ihre Größe auf. Allerdings nur noch selten: Echte Schwarz-Pappeln sind eine Rarität, obwohl sie eine außerordentlich gute Figur machen. Wenigstens haben sich die Naturschützer in den letzten Jahren sehr für diese Augenweide eingesetzt. Aber noch immer kommen ihre Bastarde, etwa die Kanadische Pappel, viel häufiger vor. Eine Unterart der Schwarz-Pappel scheint die (südliche) Pyramiden- oder Säulen-Pappel zu sein, die eine große Karriere als Straßenbaum machte.

Au- und Bruchwälder 91

▼ Die Gewöhnliche Waldrebe (Clematis vitalba), hier mit ihren Fruchtständen, kann ganze Uferwälder einspinnen (oben). Das Pfaffenhütchen (Euonymus europaeus) heißt so nach seinen birett-ähnlichen Fruchtkapseln. Der Strauch ist häufiger in Hartholzauen zu finden (Mitte). Der Blaustern (Scilla bifolia) hat ein Hauptvorkommen in den Auwäldern (unten).

(Hedera helix) und Gewöhnliche Waldrebe (Clematis vitalba) anzutreffen. Die Waldrebe kann – wie zum Beispiel am Mittelrhein – ganze Gehölze völlig einspinnen. Besonders eindruckvoll sind ihre Fruchtstände. Erst recht trumpfen diese silbrig-grauen Bäusche auf, wenn die anderen Bäume und Sträucher schon die Blätter verloren haben.

Übrigens verschwanden etliche Auwälder nicht erst im Industriezeitalter, als etwa viele Unternehmen der chemischen Industrie die Nähe zum Rhein suchten. Schon lange wussten Menschen, dass die Böden der Hartholzaue besonders fruchtbar waren und eben auch nicht derart hochwassergefährdet wie andere Niederungsbereiche. Sie rodeten den Wald, um Äcker oder Wiesen anzulegen.

Die prominenteste Vegetationseinheit dieses Lebensraums ist der Ulmen-Stiel-Eichen-Auwald. Immerhin ist die Flatter-Ulme (Ulmus laevis) vom Ulmensterben weniger betroffen als ihre nächsten Verwandten, sodass sie noch ein wenig häufiger die Waldbilder der Niederung bereichern kann. Sie bildet jene spektakulären Brettwurzeln aus, die ihre Standsicherheit im nicht eben oder doch nicht immer festen Auenboden erhöhen – und wiederum an Bäume aus dem Tropenwald erinnern.

Auch die Stiel-Eiche kann hier mit prächtigen Exemplaren aufwarten, desgleichen die Esche. Unauffälliger ist die Gewöhnliche Trauben-Kirsche (Prunus padus), sie schafft es bei ihrer geringeren Größe nur in die zweite Baumschicht. Doch auch mit Sträuchern ist der Auwald gut ausgestattet, Pfaffenhütchen (Euonymus europaeus), Gemeiner Schneeball (Viburnum opulus) und Roter Hartriegel (Cornus sanguinea) seien nur stellvertretend genannt.

Zu ganz großer Form aber läuft hier der Lenz auf. Nicht dass diese Früh- und Frühlingsblüher nirgendwo anders wüchsen, aber im Auwald wachsen sie besonders üppig. Und es sind ausgesprochen attraktive Pflanzen darunter. Will die Blütenschönheit des Wald-Goldsterns (Gagea lutea) entdeckt werden, wartet der Blaustern (Scilla bifolia) mit einem echten Blickfang auf. Märzenbecher (Leucojum vernum) werfen sich hier ins Zeug, und auch der Hohle Lerchensporn (Corydalis cava) wie der Bärlauch können im Auwald dichte Teppiche bilden.

Der Biber kehrt zurück

Die Brandmeldungen kommen vor allem aus Bayern. Der Biber (Castor fiber) verursache „gewaltige Schäden". Das Sündenregister des größten europäischen Nagers reicht vom Fällen wertvoller Obstbäume über das Plündern von Mais- und Zuckerrübenfeldern bis zur Zerstörung der Fischteichdämme.

Doch zunächst einmal ist der Biber ein genuiner Bewohner des Auwalds, allerdings, besser neuerdings einer, der durchaus Talent zum Kulturfolger hat. Er ist nachtaktiv, lebt also heimlich, kann aber durchaus deutliche Spuren hinterlassen. Einigermaßen verhängnisvoll wirkt sich aus, dass Europas größter Nager in der kalten Jahreszeit die Bäume benagt, wenn die entlaubten Gehölze besonders auffällig von seinen Aktivitäten zeugen. Im Winter – und nur im Winter – besteht die Nahrung des Bibers hauptsächlich aus Baumrinde. Um an sie zu gelangen, muss er die zugehörigen Bäume fällen. Dabei bevorzugt er authentische Weichholzauenbäume wie Weiden und Pappeln, benagt aber auch schon einmal Eichen oder Fichten. Doch weichere Hölzer machen es ihm einfach leichter, obwohl die jeweils zwei vorderen Schneidezähne von sprichwörtlicher Härte und großer Schärfe sind, außerdem eine ungeheuer kräftige Kiefernmuskulatur dem Biberbiss Nachdruck verleiht.

Schon Mitte des 19. Jahrhunderts ging es mit den Biberbeständen bergab. Der Biber war eine sehr gefragte Beute. Sein Fell gehört zu den dichtesten, und sein fetthaltiges Afterdrüsensekret, das sogenannte Bibergeil, galt als vorzügliches Potenzmittel. Seriösere Mediziner behandelten damit Krämpfe aller Art, Wirkstoff ist in diesem Fall die Salicylsäure, übrigens auch ein Bestandteil der Weidenrinde.

▲ Der Biber ist zurück! Das Bild zeigt das Nagetier in den Donau-Auen bei Groß-Enzersdorf.

Vor allem aber war der Biber im Weg. Er tat genau das Gegenteil von dem, was unsereiner für wichtig erachtete. Wo der Mensch noch die kleinsten Fließgewässer begradigte, wo er die Flüsse streckte und ihnen ein Trapezprofil aufzwang, nur um das anfallende Nass möglichst schnell abzuleiten, verlangsamt der Biber den Wasserlauf. Als vorzüglicher Schwimmer, der an Land eine unbeholfene Figur macht, erledigt er so viele Wege wie möglich im Wasser. Und wo die Wassertiefe im Revier nicht ausreicht, baut er Dämme.

▶ Ein von Bibern gefällter Baum im Nationalpark Donau-Auen

Und er baut die berühmten Biberburgen. Ein bis zwei Meter hoch, drei bis fünf Meter breit, sind sie ein markantes Strukturelement der Aue. Sie bieten nicht nur ihren Erbauern, sondern auch zahlreichen anderen Tierarten Unterschlupf. Wo Biber einen wirklichen Lebensraum gefunden haben, zeigt sich schon jetzt, welch wichtige Rolle er im Ökosystem Flussaue spielt, vom Fließgewässer selbst ganz zu schweigen. Und einiges spricht dafür, dass die Zunahme des Waldtiers Schwarzstorch (*Ciconia nigra*) hierzulande auf die Zunahme der Biberpopulationen in Polen zurückgeht. Die Lebensgewohnheiten des Bibers schufen mit den neuen Feuchtgebieten neue Nahrungsgründe für den seltenen Großvogel, der sich dann nach Westeuropa ausbreiten konnte.

Allerdings lichten die Biber den Weichholzauwald. Sie lichten ihn nicht für immer und langfristig kräftigen ihre Eingriffe die Waldgesellschaft, aber Biberteiche und Biberwiesen öffnen doch erst einmal die dichten Baumbestände. Wenn irgendjemand unter den Tieren, dann ist der Biber ein Landschaftsgestalter. Biber verändern einen Lebensraum, indem sie ihn ihren Bedürfnissen anpassen.

Naturschützer werden heute nicht müde, auf die segensreiche Tätigkeit des Nagers hinzuweisen. Stärkstes Argument bei der Imagepflege: Biber können Flutkatastrophen vorbeugen, sie lassen das Wasser in die Breite, nicht in die Höhe gehen. Dass sie nützlich sind, hat ihnen in der Vergangenheit allerdings wenig geholfen. Nur an der Mittleren Elbe hielt sich eine kleine Biberpopulation, überall sonst wurde „Meister Bockert" ausgerottet. 1966 sorgte Bayern für eine Wende: Der Freistaat nahm die ersten Tiere wieder auf, weitere Bundesländer folgten. Manchmal wurden, obwohl eine andere Art, auch Kanadische Biber neben ihren europäischen Verwandten angesiedelt.

Derzeit wird der deutsche Bestand auf etwa 20 000 Exemplare geschätzt, in der Schweiz sind es 3000, in Österreich 4000, Tendenz steigend. Die Biber haben sich gut wieder eingewöhnt, fast zu gut. Mit ihrem Zuzug erklärten sie auch zu Lebensräumen, was nach der reinen Lehre gar keine sein dürften. In München zeigen sie sich schon einmal auf den Hauptverkehrsstraßen, im Schleißheimer Schlosspark bedrohen sie historisch wertvolle Zeugnisse grüner Gartenkultur. Zuweilen müssen die Biber dann wieder dorthin verfrachtet werden, wo es passt und sie keinen „Schaden" anrichten können. Bayern, das Bundesland mit den meisten Bibern, feiert die seinen als „Exportschlager". Allerdings zeichnet sich ab, dass die Kapazitäten der Aufnahmeländer begrenzt sind. Sind die Biber etwa wieder auf dem Weg zum jagdbaren Wild?

▲ Dieser Biberdamm zeugt eindrucksvoll von den Fähigkeiten des Bibers.

▲ Mein Heim ist meine Burg. Die Biberburg ist der wasserumschlossene Wohnbau dieses Nagetiers.

Nationalparks

Nationalpark Donau-Auen – der Wiener Auenald in der Lobau

Wenn beim Thema Wien das Stichwort Wienerwald fällt, ist natürlich der östliche Ausläufer der Nordalpen gemeint. Aber ein Wiener Wald liegt auch in der Lobau, deren Naturschutzgebiet wiederum Teil des Nationalparks Donau-Auen ist. Seine gut 9300 Hektar (die geplante Erweiterung zieht sich hin) bewahren einen der ganz raren naturnahen Auenwälder Europas.

Aber der Einrichtung des Nationalparks Donau-Auen ging ein sehr harter Kampf voraus. Seit 1875 war es der Donau nicht anders als dem Rhein ergangen, sie wurde schubweise kanalisiert. Seit 1954 entstanden etliche Flusskraftwerke, die das Wasserregime des Stroms noch einmal stark veränderten. Der Plan, ein neues gewaltiges Kraftwerk zu errichten, brachte dann 1984 das Fass zum Überlaufen. Gegen das Vorhaben erhob sich ein hierzulande nie gesehener Widerstand. Das Flusskraftwerk Hainburg wurde verhindert, der Nationalpark Donau-Auen auf den Weg gebracht.

Zu 65 Prozent besteht dieser Park aus Auwäldern, auch die Weichholzaue ist gut vertreten. Seine Weiden und Pappeln sind das bevorzugte Fällobjekt der Biber, die sich hier wieder zahlreich tummeln. Aber auch Schwarzmilan und Seeadler, sogar die Europäische Sumpfschildkröte beleben die Wälder wieder. Öfter wird der „Donau-" oder „Auhirsch" ge-

Nationalpark Donau-Auen

Gründung: 1996

Größe: 93 km²

Kontakt
Nationalpark-Zentrum
Schloss Orth
2304 Orth/Donau

Internet
www.donauauen.at

▲ Im Osten von Wien erstreckt sich nördlich der Donau das Erholungsgebiet Lobau im Nationalpark Donau-Auen.

nannt, der keine eigene Spezies ist, jedoch wegen der Vernichtung seiner Wanderkorridore hier eingeschlossen ist.

Auch ein Hauch Pannonien weht durch diese Donauwelt. Denn zu dem vertrauten Inventar der Hartholzaue mit Stiel-Eiche, Ulmen und Gemeiner Esche gesellt sich hier die Schmalblättrige oder Quirl-Esche *(Fraxinus angustifolia)*. Die Pilzkenner unter den Feinschmeckern werden eher auf die Morcheln aus sein, die hier im Frühjahr ihre Fruchtkörper bilden.

Nun ist der Nationalpark Donau-Auen keine heile Welt. Dafür sorgt schon der Marchfeld-Schutzdamm, der über 34 Quadratkilometer Aue vom Hauptstrom abtrennt. Und natürlich ist die Donau immer noch eine „internationale Wasserstraße", auf der der Schifffahrtsverkehr kontinuierlich zunimmt.

◄ Der Nationalpark Donau-Auen bewahrt einen reichhaltigen Schatz von vielfältigen Lebensräumen.

► Rothirsche im Morgennebel der Donau-Auen

Biosphärenreservate

Biosphärenreservat Flusslandschaft Elbe – eine der größten Auenlandschaften

Oberhalb von Riesa tritt die Elbe ins Norddeutsche Tiefland ein. Ab hier kann oder konnte sie lange wie ein Strom in der Ebene fließen. Die breite Aue ermöglichte ein ausführliches Mäandern, das dauernde Verlagern des Flussbetts. Zur Aue gehörten Altarme, (mückenverseuchte) Altwässer und Flutrinnen. Nur blieb auch die Elbe nicht vom Ausbau verschont. Auch hier gab es Durchstiche, Begradigungen, die den Grundwasserspiegel sinken ließen, und manchem Auwald wurde buchstäblich das Wasser abgegraben. Doch im Vergleich zu Rhein und Donau blieb größeren Partien der Elbaue ihre Naturnähe erhalten, selbst wenn der wirtschaftliche Sog des Hamburger Hafens tief ins Hinterland reicht ...

Eine weitere Kanalisierung würde sicher den vielen guten Absichten des Naturschutzes zuwiderlaufen, gerade auch im ausgedehnten Biosphärenreservat „Flusslandschaft Elbe". Sein sachsen-anhaltischer Teil heißt „Mittel-Elbe", dessen Vorgänger namens „Mittlere Elbe" wiederum das 1979 ausgewiesene Biosphärenreservat Steckby-Lödderitz als Keimzelle hatte. Steckby-Lödderitz war eines der beiden ersten Schutzgebiete dieses Typs auf deutschem, damals noch DDR-Boden. Es liegt im Regenschatten des Harzes, im Sommer kann es zu ausgedehnten Trockenphasen kommen, was Überschwemmungen wie die verheerende vom August 2002 nicht ausschließt.

Es ist heute nicht ganz einfach, zwischen den diversen Gebiets- und Projektnamen den Überblick zu

▼ Die Rotbauchunke ist ein seltener Froschlurch, auch ihretwegen verdienen die Auen an der Mittleren Elbe besonderen Schutz.

behalten. Doch wie nun immer, der Elbelauf zwischen den Mündungen der linken Nebenflüsse Mulde und Saale kann einen Superlativ beanspruchen. Hier erstreckt sich beiderseits des Stroms der größte zusammenhängende Auwald Deutschlands und einer der größten Mitteleuropas; Schwerpunkt ist das Naturschutzgebiet Steckby-Lödderitzer Forst. Gut ausgeprägt ist vor allem die Hartholzaue, ein Stiel-Eichen-Feld-Ulmenwald, den allerdings das Ulmensterben um die Feld-Ulmen gebracht hat. Zwar sind sie immer noch häufig anzutreffen, doch schaffen sie es nur bis in die Krautschicht, dann machen ihnen die beiden Schlauchpilzarten aus der Gattung *Ophiostoma* den Garaus. Dafür ist die Esche gut vertreten, und dieser Auwald erinnert daran, das die Obstbaumarten Wilde Kirsche, Wilde Birne und der seltene Wilde Apfel *(Malus sylvestris)* zum Ensemble gehören, sie bereichern vor allem die Waldränder. An den trockeneren Standorten treten Feld-Ahorn und Hainbuche hinzu.

Bekannt wurde das Gebiet, weil hier eine kleine Population des Elbebibers sein großflächiges Verschwinden überlebte und später dann für die erstaunliche Wiederausbreitung der Art sorgen konnte. Außerdem sind im Auwald zwischen Mulde- und Saalemündung die Vögel bemerkenswert gut vertreten. Der mächtige See- und der

Biosphärenreservat Flusslandschaft Elbe

Gründung: 1997

Größe: 3428 km²

Kontakt
Infostellen in Magdeburg, Hitzacker, Ruhstadt, Boizenburg, Arneburg

Internet
www.flusslandschaft-elbe.de

▲ Ein Blick in das Biosphärenreservat Mittlere Elbe. Am linken Bildrand ist eine Flatter-Ulme (*Ulmus laevis*) angeschnitten.

Fischadler haben hier ihre Horste, und – als ganz große Rarität – der Schreiadler (*Aquila pomarina*) erreicht hier den westlichsten Rand seines Verbreitungsgebiets.

Zu den seltenen Tieren gehören die nur unterseits auffällige Rotbauchunke (*Bombina bombina*) und der oberseits heftig grüne Laubfrosch. Allerdings meidet die Unke den Wald, während der Laubfrosch ihn gerne aufsucht.

So sehr die Hartholzaue an einen Urwald erinnern mag: Selbst die Kernflächen tragen Spuren der Bewirtschaftung. Mit diversen Hybrid-Pappeln und der nordamerikanischen, höchst nässetoleranten Rot-Esche (*Fraxinus pennsylvanica*) stehen hier auch nichtheimische Baumarten, die nach und nach verschwinden. Ihre vordringliche Aufgabe aber sehen die Naturschützer darin, dem Strom wieder mehr Spielraum einzuräumen. Durchstoßene Flussmäander sollen teilweise wieder als Altarme an den Hauptstrom angeschlossen werden.

Wenn einmal der Lödderitzer Deich zurückverlegt ist, werden stattliche 500 Hektar für die Überflutung und damit für einen authentischen Auwald gewonnen sein. Denn ob ein Auwald hinter dem Deich auf Dauer Auwald bleibt, ist sehr die Frage.

Schon 1988 wurde dem Gebiet das elbeaufwärts gelegene Dessau-Wörlitzer Gartenreich angegliedert. Seit 2000 gehört dieses Reich zum UNESCO-Welterbe, ein immer noch 142 Quadratkilometer großer Landschaftsgarten, der nach dem Willen seines Schöpfers Leopold III. Friedrich Franz, erst Fürst, später Herzog von Anhalt-Dessau (1740–1817) Natur und Kultur verschmelzen sollte. Wenn sich unterhalb des Gartenreichs der Auwald noch weiter entwickeln kann, wird auch der große Park noch schöner ins Landschaftsbild gebettet sein.

Der Pirol – auch stimmlich eine Schönheit

Der Europäische Pirol (*Oriolus oriolus*) gehört zu einer Gattung, deren insgesamt 28 Arten zum größten Teil in den Tropen und Subtropen brüten, nur drei leben außerhalb dieses Bereichs. Davon dringt der Europäische Pirol am weitesten in die gemäßigten Zonen vor, aber das heftige Gelb seines Federkleids hält doch die Farbenpracht des Dschungels gegenwärtig.

Insofern passt ins Bild, dass der Pirol, obwohl ein keineswegs häufiger Vogel unserer Breiten, die Auwälder zum bevorzugten Brutrevier wählt und bei feucht-warmer Witterung die größten Bruterfolge hat. Er lebt im Kronenbereich der Bäume, sein kunstvolles Nest legt er ans äußere Ende der Zweige, häufig in eine Gabel. Vogelkenner sagen ihm nach, dass er, obwohl tierischer Nahrung keineswegs abgeneigt, ein ausgesprochener Kirschenliebhaber sei: Die Wild-Kirsche kann ohne Weiteres zum Repertoire der Hartholzaue gehören.

Zur äußeren Pracht, die übrigens nicht nur den Männchen, sondern auch den – älteren – Weibchen zu Gebote steht, tritt beim Männchen eine Fülle des Wohllauts; zumindest unter seinen nächsten Verwandten, also den Rabenvögeln, tut es ihm keiner gleich. Allerdings ist der Pirol ein Zugvogel, der sich hierzulande nicht lange aufhält. Erst Mitte Mai besetzt er seine hiesigen Reviere, um schon ab Anfang Juli wieder auf Reisen zu gehen. Zielgebiete sind die subtropischen und tropischen Hochländer Ostafrikas.

Auwald der Bachtäler

Auch große Flüsse haben klein angefangen. Sofern ihre Ursprünge weit oben im Hochgebirge liegen, kann sie kein Wald begleiten. Immerhin stellt sich früh die Grün-Erle *(Alnus viridis)* ein, deren ebenfalls verbreitete Namen Alpen-Erle und Laub-Latsche ihren Standort aus zwei Perspektiven benennen.

Sobald die Höhenlage den geschlossenen Baumbestand erlaubt, säumt ein Auwald das Fließgewässer. Auch er hat seine Vorläufer, in denen sich die Weidenarten nur zu Gebüschen auswachsen können, häufig tritt der Sanddorn zu ihnen. Die Gehölze bleiben dem Fluss bis in die tiefen Lagen erhalten, doch wird sich dort hinter der Buschzone ein zweifelloser Wald aufbauen.

Dass die Bach-Auwälder heute oft nur als lückige Galerie in Erscheinung treten, verantwortet der Mensch. Allerdings würden sie auch von Natur aus kaum mehr als einen breiten Saum bilden. Übrigens zeigt sich schon hier, wie sehr ein Fluss die Verhältnisse beeinflusst. Die meisten authentischen Auwälder entstehen auf Kies- und Sandbänken. Sie können sich zu Inseln auswachsen, die der Fluss gegeben hat, aber auch wieder nehmen kann.

Bachauen sind die Domäne der Erlen. Im Alpen- und Voralpenbereich herrscht die Grau-Erle *(Alnus incana)* vor, und einmal mehr verhilft ihr die Hand eines mehr oder weniger kundigen Fachmanns zu Standorten im Mittelgebirge oder in der Ebene. Aber von Natur aus verschwindet sie, wenn ein Wasserlauf das Weichbild des Hochgebirges hinter sich lässt. Noch immer ist ungeklärt, aus welchen Gründen.

Jetzt herrscht die Rot-Erle *(Alnus glutinosa)* vor, die manchmal Schwarz-Erle genannt wird. Sie übernimmt auch in den Bachtälern der Mittelgebirge das Regiment. Nach ihr heißt denn auch die zugehörige Waldeinheit, die zur näheren Charakterisierung noch die Wald-Sternmiere *(Stellaria nemorum)* als Kennart erhält.

Wie die Weiden hat die Schwarz-Erle kein Kernholz und bringt es nur auf das bescheidene Höchstalter von

▼ Die Wald-Sternmiere *(Stellaria nemorum)* ist eine Charakterpflanze vieler Bachauenwälder.

120 Jahren. Doch sie verfügt über ein (Herz-)Wurzelsystem, das mit vier Metern so tief hinabreichen kann wie das keines anderen Baums. So werden Bodentiefen erschlossen, in denen ganzjährig Grundwasser ansteht. Solche Verhältnisse führen regelmäßig zu Sauerstoffmangel, aber dagegen weiß sich der Baum zu helfen: An seiner Stammbasis und an den oberflächennahen Wurzeln hat die Rinde große Öffnungen. Von dort aus leiten Kanäle die Luft bis in die äußersten Wurzelspitzen. Damit nicht genug, verwertet die Rot-Erle auch den Luftstickstoff. Er wird mittels eines Fadenbakteriums gebunden, das in ihren verschieden großen, korallenähnlichen Wurzelknöllchen sitzt. Diese erstaunliche Fähigkeit macht sich der Mensch zunutze, indem er die Rot-Erle auch an anderen Standorten zur Bodenverbesserung heranzieht.

Auffälligste Erscheinung an den Bachrändern ist die Esche *(Fraxinus excelsior)*, ein Baum, der wegen seiner weiten Standortamplitude auch gewiefte Forstleute immer wieder erstaunt. Manche wollten deswegen zwei Rassen annehmen, eine auf dem Trockenen, die andere auf nassem Grund. Aber die Esche wächst ohne Unterschied hier wie dort, solange sie mit Nährstoffen gut versorgt ist. Und die Gesellschaft der Erle setzt diesen Baum am besten in Szene.

◀ Das Eschen-Exemplar auf dem Bild macht deutlich, welch mythisches Potenzial dem Gehölz innewohnt. Der Weltenbaum der germanischen Sage ist demnach nicht zufällig eine Esche. Leider macht das Eschentriebsterben immer mehr Eschen den Garaus. Verursacher ist ein kleiner Pilz mit dem Namen Falsches Weißes Stängelbecherchen (*Hymenoscyphus pseudoalbidus*). Der Organismus wurde erst 2010 beschrieben, ob er eingeschleppt wurde, ist bisher noch unklar. Jedenfalls richtet dieses Stängelbecherchen unter den Eschen erheblichen Schaden an. Immerhin gibt es auch Bäume, die gegen die Krankheit immun sind.

▼ Das Laub der Esche wurde früher auch verfüttert. Die Nüsse ihrer Früchte haben zwei Samen, deren propellerartiger Flügel vom Wind bis 500 Meter weit verweht werden kann.

Bruchwälder

Auch auf den Bruchwald nimmt das Wasser entscheidend Einfluss, wenngleich es nicht so offensichtlich die Bodenverhältnisse bestimmt wie bei den Auwäldern entlang der Wasserläufe. Bei den Bruchwäldern, manchmal auch Brücher genannt, wirkt es teilweise im Verborgenen, nämlich als Grundwasser. Besonders im Frühjahr und nach ergiebigen Regenfällen kann das Grundwasser auch zutage treten.

Und wieder folgt die Natur der Trennung am Schreibtisch nicht immer: Draußen in der Natur können Fluss- oder Bachniederungen partienweise „verbruchen", Auwälder also in Bruchwälder übergehen. Ungeachtet der Übergänge gibt es zwei Unterschiede: Dem Bruchwald fehlen die Nährstoffe, die das Hochwasser in die Aue trägt, und der Bruchwald ist immer auf Waldtorf gebaut, stockt also auf mehr oder weniger saurem Boden. Doch misst diese Torfschicht gewöhnlich nur zehn bis zwanzig Zentimeter. Sie erreicht also keine Hochmoor-Mächtigkeiten, die den Kontakt zum Grundwasser abreißen lassen und die Pflanzendecke allein von den Niederschlägen abhängig machen.

Auch Bruchwälder gehören zu den raren Waldgesellschaften, auch ihnen wurde oft das Wasser abgegraben. Aber sie zeigen doch ein ganz eigenes und sehr prägnantes Profil. Schon die – eher gedrungene – Baumschicht lässt auf unterschiedlich gut versorgte Böden schließen. Im Großen und Ganzen gehören die Bruchwälder zwar zu den ärmeren Wäldern, aber innerhalb dieses Spektrums steht die Vorherrschaft der Erle doch für eine günstigere Nährstofflage.

Und einmal mehr sind es die Gräser, nach denen die Erlenbruchwaldgesellschaften weiter differenziert werden. Wenn das Klima stark atlantisch geprägt ist, zeigt das die Glatte Segge (*Carex laevigata*) an, aber das tut sie bis auf wenige Ausnahmen nur westlich des Rheins. Mit ihr vergesellschaftet sind in diesen Erlenbruchwäldern noch das Kleine Helmkraut (*Scutellaria minor*) und, wenn auch mit größerem Verbreitungsspektrum, der stattliche Königsfarn (*Osmunda regalis*). Bei subatlantischem, auch mehr oder weniger kontinental getöntem Klima tritt anstelle der Glatten Segge die Walzen-Segge (*Carex elongata*). Sie wird häufig begleitet von Sumpfdotterblume (*Caltha palustris*) und Wasser-Schwertlilie (*Iris pseudacorus*), hinzu kommt oft der Bittersüße Nachtschatten (*Solanum dulcamara*). Ein exquisites Gewächs dieser Standorte ist die seltene Schlangen- oder Drachenwurz (*Calla palustris*). Ihrem schmucken weißen Hochblatt verdankt sie den wissenschaftlichen Namen *Calla* (von griechisch *kallos* für „Schönheit"), die Form ihrer Sprossachse erinnert an eine Schlange. Früher kam dieses kräftige Rhizom ins Schweinefutter; demnach muss die Pflanze recht häufig gewesen sein.

◀ Ein üppiges Sumpfdotterblumenensemble *(Caltha palustris)*

▼ Der Sumpfporst *(Ledum palustre)* macht durch seine Blüten auf sich aufmerksam.

▲ Die Drachenwurz *(Calla palustris,* links) ist eine Rarität der Bruchwälder. Attraktive Früchte hat der Bittersüße Nachtschatten *(Solanum dulcamara,* rechts).

Ein bemerkenswerter Strauch, der vom Heidemoor zum Erlenbruchwald überleitet, ist der Gagel *(Myrica gale)*. Sein Verbreitungsschwerpunkt liegt im nordwestlichen Europa, doch auch dort ist er heute selten. Nichts an seinem eher unauffälligen, weidenähnlichen Erscheinungsbild lässt auf seine kulturhistorische Bedeutung schließen: Er war lange Zeit Hauptbestandteil des Grut, der Bierwürze. Bei einigen seiner Vorkommen vermuten die Botaniker sogar, dass hier die mittelalterlichen Brauer ihre Hand im Spiel gehabt hätten. Der Gagel hat einen derart kräftigen Geruch, dass ihn der Naturkundige Konrad von Megenberg um 1350 als Deodorant empfehlen konnte: „Des Baums dürre Blätter benehmen den Gestank unter den Achseln und anderswo am Leib."

Ältere Autoren sagen dem Gagel gar nach, er mache die Biertrinker rebellisch, ganz im Gegensatz zum Hopfen, der sie beruhige. Jedenfalls enthält der Gagel Giftstoffe, deshalb konnte der schwere Kopf anderntags nicht ohne Weiteres dem Alkohol angelastet werden.

Und es trifft sich gut, dass der Sumpfporst *(Ledum palustre)* eine schöne Überleitung ermöglicht: Auch er kam ins Bier. Seine Schädlichkeit wenigstens lag einigermaßen offen zutage. Der Sumpfporst enthält ein starkes Nervengift, aber selbst obrigkeitliche Verfügungen boten keine Gewähr für seine Verbannung aus dem Volksgetränk. Der kleine, heute ebenfalls seltene Strauch findet sich fast nur im Nordosten Europas, dort aber an den etwa gleichen Standorten wie der Gagel, also in Mooren und Bruchwäldern, allerdings in den noch karger ausgestatteten.

Diese Waldgesellschaft wird hauptsächlich im nordostdeutschen Flachland angetroffen, dessen Klima schon deutlich kontinentale Züge aufweist. Sie rechnet zu den Birken-Kiefern-Bruchwäldern nährstoffarmer Standorte, die – durchaus im Gegensatz zu manchem Erlenbruchwald – nur lückig mit Bäumen bestanden sind. Hier fällt so viel Licht auf den Boden, dass die Zwergsträucher Moos- *(Vaccinium oxycoccus)*, Rausch- *(Vaccinium uliginosum)*, Heidel- *(Vaccinium myrtillus)* und

Au- und Bruchwälder

▲ Der Oberlausitzer Erlenbruch steht unter Wasser, aber daran sind diese Lebensräume sehr gut angepasst.

▼ Erlenbruch Neudarß im Nationalpark Vorpommersche Boddenlandschaft

Preiselbeere (*Vaccinium vitis-idaea*) üppig gedeihen können. Als floristische Kostbarkeit tritt die allerdings stark giftige Rosmarinheide (*Andromeda polifolia*) hinzu, deren Vorkommen nur selten südlich des 52. Breitengrads zu finden sind. Ihre Blätter ähneln tatsächlich dem Rosmarin, mit dem die Pflanze keineswegs verwandt ist; vielmehr gehört sie zu den Erica-Gewächsen. Und natürlich kommen auch die Torfmoose mit vielen Arten vor. Die Kiefern-Bruchwälder mit Sumpfporst haben, wenn überhaupt, nur einen geringen Birkenanteil. Und häufiger stellt sich an Ort und Stelle die Frage, ob sich dieser Waldtyp nur deshalb hier behaupten kann, weil ein zuvor waldfreies Moor entwässert wurde. Doch ganz allgemein repräsentiert die Wald-Kiefer nicht allein die Baumschicht. Im stärker atlantisch getönten Klima teilt sie sich die Standorte mit der Moor-Birke, und in den höheren Lagen sind oft Fichten und Berg-Kiefern häufiger. Ein charakteristischer Baum der montanen und hochmontanen Bruchwälder ist die Karpaten-Birke, eine Unterart der Moor-Birke (*Betula pubescens* subsp. *carpatica*).

Wenn diese Bruchwälder der ärmeren Standorte auch nur kümmerliche Baumexemplare zulassen: Sie machen, obwohl oder gerade weil sie sozusagen auf der Wald-Kippe stehen, doch einen urtümlichen Eindruck. Wer als Waldliebhaber im Bayerischen oder im Schwarzwald, aber beispielsweise auch am Ossiacher oder Wörthersee in Kärnten wandert, sollte den Abstecher zu ihnen unbedingt einplanen. Häufig wird er allerdings suchen müssen, weil nur mehr sehr kleine Flächen von ihrer Existenz zeugen. Diese Bruchwälder haben den besonderen Schutz, unter dem sie stehen, zweifellos nötig.

Auwälder – noch kein Nachruf

Die Schönheit der Auwälder hat viele begeistert, zu den Begeistertsten gehörte der Leipziger Emil Adolf Roßmäßler, „Vater der deutschen Aquaristik", Professor an der Forstakademie Tharandt, Verfasser eines großen Buchs über den Wald (*Der Wald, „seinen Freunden und Pflegern gewidmet"*), aber auch Abgeordneter auf dem linken Flügel der Frankfurter Nationalversammlung von 1848.

Dass der Leipziger Auwald dank Elster, Luppe und Pleiße zu den schönsten gehörte, darüber gab es vor dem Abbau der Braunkohle keinen Zweifel.

Auch darüber nicht, dass die Auwaldbegeisterten überhaupt hohe Ansprüche stellen durften. Ihrer Begeisterung ist jedoch der Gegenstand abhandengekommen. Auwälder sind, wenn nicht überhaupt verschwunden, heute nur noch ein Schatten ihrer selbst. Umso mehr zählen die Gegenbeispiele, auch wenn sie keine Idylle sind wie das Hamburger Naturschutzgebiet Heuckenlock. Aber es ist nicht nur das größte, noch heute zusammenhängende Tide-Auwald-Gebiet Norddeutschlands, sondern gehört auch zu den letzten Europas.

An Rhein und Donau blieben beim Ausbau zur Wasserstraße viele Auwälder auf der Strecke. Die Gründung zweier Aueninstitute ist eine womöglich spezifisch deutsche Form der Wiedergutmachung. Das Aueninstitut Rastatt, 1985 vom World-Wildlife-Fund (WWF) aus der Taufe gehoben, wurde 2004 in die Universität Karlsruhe eingegliedert, das 2006 an der Donau gegründete Aueninstitut Neuburg ist unabhängig, wird aber vom Landkreis und der Katholischen Universität Eichstätt-Ingolstadt mitgetragen. Während sich die Rastätter weltweit positionieren, konzentrieren sich die Neustädter auf die Donau. Hier soll zwischen Neuburg und Ingolstadt „der weitgehend abgekoppelte Auwald" auf einer Fläche von immerhin 1200 Hektar wieder ein Lebensraum werden, der seinen Namen verdient.

Au- und Bruchwälder **105**

Der Halsbandschnäpper

In den Auen der Isarmündung tummeln sich noch Halsbandschnäpper *(Ficedula albicollis)* und Weißsterniges Blaukehlchen *(Luscinia svecica)*. Der Halsbandschnäpper zählt schon lange nicht mehr zu den häufigen Vögeln, und der Klimawandel scheint für ihn eine besonders schwere Hypothek zu bedeuten. Wenn es dem Weitzieher nicht gelingt, seine Rückkehr in die Brutgebiete noch weiter vorzuverlegen, muss um die Art gefürchtet werden. Zur Familie der Schnäpper gehört auch das seltene und farbenprächtige Blaukehlchen. Dem typischen Auebewohner ist es offenbar gelungen, sich neue Lebensräume in der Kulturlandschaft zu erschließen, beobachten die Ornithologen doch eine deutliche Zunahme seiner Revierzahlen.

Eine gewisse Chance geben die Hochwasserschutzprogramme den Auwäldern, und es steht dem Leser frei, sich bei solcher Wendung zum Besseren seinen Teil zu denken. Seis drum: Wenn die Rückverlegung der Deiche eine Aue wieder atmen lässt, kommt diese Freiheit auch Auwäldern zugute, die schon auf dem Weg zu ganz anderen Waldformationen waren. Mit dem Unteren Odertal gibt es sogar einen grenzübergreifenden, deutsch-polnischen Nationalpark, der dem Auwald besonderes Augenmerk widmet.

Wohlgemerkt: Es macht gerade den Reiz der Auwald-Gesellschaften aus, dass sie an den großen wie den kleinen Fließgewässern Heimatrecht haben. Und zwei Nebenflüsse sollen hier hervorgehoben werden. Zwar hängt der Donauausbau zwischen Straubing und Vilshofen wie ein Damoklesschwert über der Isarmündung, doch blieb hier auf etwa zehn Kilometern ihre Naturnähe erhalten. Die unterste Isar zählt schon deshalb zu den reizvollsten Auelandschaften, weil hier der Gebirgsfluss Isar mit seiner großen, alpinen Geschiebefracht auf den Tieflandstrom Donau trifft. Die Deiche zu beiden Seiten rahmen einen imposanten Weichholzauwald, und selbst einige Flecken Hartholzaue sind dem Wasserregime des Flusses unmittelbar ausgesetzt. Nicht nur seiner Nähe zur Hauptstadt (und den Gurken) verdankt der Spreewald den großen Ruf. Die Luftbilder und die gern fotografierten Kahnpartien auf dem dicht verzweigten Gewässernetz täuschen oft einen geschlossenen Au- respektive Bruchwald vor, doch auch im Biosphärenreservat überwiegt das Grünland, und der Waldanteil beträgt nur gut 27 Prozent. Aber das Binnendelta am Mittellauf der Spree gehört fraglos zu den faszinierendsten Kulturlandschaften von Deutschland. Und die erhaltenen Partien des Erlenbruchwalds verbreiten wirklich noch einen Hauch Amazonas.

Sowohl für die Isarmündung als auch für das Biosphärenreservat Spreewald gibt es Informationszentren, von denen aus die Erkundung der Gebiete angegangen werden kann. Und nebenbei vermitteln sie Kenntnisse über die Auwälder insgesamt.

◀ Spreewald-Idylle im Biosphärenreservat: alte Kähne an einem Fließ

Waldränder

▲ Zwei Wald- oder doch Waldrand-Schmetterlinge: der Große Schillerfalter (*Apatura iris*) und der Kaisermantel (*Argynnis paphia*)

Anfang, Ende, Übergang

Der Waldrand war lange ein poetischer Ort. Seine Poesie wird jedoch heute durch die Verhältnisse nicht mehr gedeckt. Zu abrupt stellt er sich ein, und diese Unvermitteltheit stört keineswegs nur das poetische Gemüt. So widmen ihm einige Landesforstgesetze ein besonderes Augenmerk und stellen gut strukturierte Waldränder unter besonderen Schutz. Das mag auf den ersten Blick überraschen. Denn vorausgesetzt, dass die hiesige natürliche Vegetation Wald ist, dürfte es ja nur ganz wenige natürliche Waldränder geben: Ein Waldland kennt keinen Waldrand.

Weitaus die meisten Waldränder verdanken sich also nicht dem Wald, sondern seinem Verschwinden. Und weil sie ohne Offenland gar nicht existierten, werden Waldränder als Kontaktzonen vom Offenland her gegliedert, meist in (Kraut-)Saum, (Strauch-)Gürtel und (Wald-)Mantel. Bei ihrer Breite gilt ein Richtwert von dreißig Metern. Das scheint nicht viel, aber auch dieser Streifen muss in unseren Kulturlandschaften oft durchgesetzt werden: Ganz hart grenzt hier die Waldtraufe mit ihren tief beasteten Bäumen an die äußerste Furche eines Ackers oder gar an eine viel befahrene Straße. Die Straßen führen in diesem Fall zu der begrifflichen Unterscheidung von Waldinnen- und Waldaußenrändern. Waldinnenränder verursachen auch die Wege, jedenfalls die breiteren. Im Fall ihrer Asphaltierung sind die Grenzen zur Straße ohnehin fließend, und wo viel Holz abgefahren wird, hängt den Fahrschneisen der Neckzettel Waldautobahn oft zu Recht an.

Die Folge Saum, Gürtel, Mantel ist keine schematische, vielmehr setzen sich die Lebensräume mosaikartig zusammen, ihr eng verzahntes Miteinander macht den Wert des Waldrands aus. Auf kleinstem Raum wechseln die Licht- und Wärmeverhältnisse, die vielen, fein

◀ Der Zaun läuft auf einen Waldrand im Berliner Naturschutzgebiet Karower Teiche zu.

▲ Hirschkühe vor Waldkulisse

▶ Ein farbenprächtiger Waldsaumbewohner ist der kalkholde Blutrote Storchschnabel (Geranium sanguineum).

differenzierten Nischen bieten vielen Tieren Unterschlupf und Nahrung, tragen also entschieden zur Artenvielfalt bei. Vor allem auf kalkreichen Böden sind die Saumgesellschaften oft von leuchtender Buntheit, eine ganz besondere Attraktion ist etwa der Blutrote Storchschnabel (Geranium sanguineum).

Am Waldrand können sich auch die Sträucher breitmachen, die im Waldinneren häufig den Kürzeren ziehen. Schwarzer Holunder, Hecken-Rose, Schlehe, Weißdorn, Hasel, Him- und Brombeere haben hier ihre unbedrohten Wuchsplätze, aber auch seltenere Gehölze wie der Wollige Schneeball oder der Kreuzdorn kommen zu ihrem Recht. Entsprechend bietet der Waldmantel den Lichtholzbäumen Entfaltungsmöglichkeiten. Die Wild-Kirsche etwa hat im dunklen Wald deutlich weniger Überlebenschancen. Außerdem schützen Waldränder den Wald vor Stürmen. Idealerweise haben sie den Querschnitt eines Pultdachs. Der kontinuierliche, sanfte Anstieg beugt den Windverwirbelungen vor. So haben die Böen weniger Angriffsflächen und der Wald selbst ist vor Stürmen besser geschützt.

Schon diese Pultdachform führt die Notwendigkeit waldbaulicher Eingriffe vor Augen. Auch sonst müssen die Forstleute auf Waldränder ein besonderes Auge haben, eben weil sie keine natürlichen Einheiten sind. Manchmal müssen die Eingriffe sogar ziemlich kräftig ausfallen, denn Waldränder haben eine „hohe Wuchsdynamik". Anders gesagt: Ein Waldrand kann schnell zum Wald werden. Und einen Waldrand zu erhalten, heißt auch, das Budget stark zu belasten.

Der letzte Blick soll doch noch den natürlichen Waldrändern gelten. Wenngleich nicht die an Seen, Flussufern, Mooren oder Meeresgestaden, sondern die Ränder, mit denen der Wald (neuerdings) Terrain gewinnt, sei es nun auf Kosten von Heiden, Magerrasen, Wiesen, Ackerland oder gar Industriebrachen. Wenn Kulturland aufgegeben wird, dann kann sich vom Wald her ein Vorfeld einstellen, das einen natürlichen Waldrand bildet.

▼ Leider ein gängiges Bild: Wald und Feld sind ganz hart gegeneinander geschnitten, von einem Waldrand keine Spur.

Pilze

Ein fast verborgenes Reich im Wald

Niemandem fiele ein, den Apfel für den Apfelbaum zu halten, also die Frucht für das Gewächs. Aber genau das ist bei den Pilzen gang und gäbe: Was landläufig Pilz heißt, meint den Fruchtkörper. Der Pilz aber ist sein Myzel. Es besteht aus einzelnen fadenförmigen Zellreihen, den Hyphen. Ihr oft sehr weitverzweigtes Geflecht lebt im Untergrund, im Boden, im Holz, in der Laubschicht. Und so leicht vergänglich die Fruchtkörper sind, ein Myzel, also der Pilz selbst, kann sehr alt werden. Am Schweizer Ofenpass wurde ein Dunkler Hallimasch *(Armillaria ostoyae)* gefunden, der es auf tausend Jahre gebracht hatte.

Lange galten Pilze als unheimliche Gesellen, Bezeichnungen wie Hexenring, Hexenei, Hexenbutter waren schnell zur Hand. Volkskundliche Arbeiten verzeichnen die abenteuerlichsten Vorstellungen, noch heute sind haarsträubende Gerüchte im Umlauf. Meist kreisen sie um die Frage: „Essbar oder giftig?", und tatsächlich geht es bei manchen Arten um Tod oder Leben.

Auf den ersten Blick tut die Wissenschaft eher wenig zu einem vertrauteren Umgang. Wer Pilze für Pflanzen hält, täuscht sich. Vielmehr bilden Pilze ein eigenes Reich neben, genauer zwischen den Pflanzen und Tieren. Ohne Weiteres ließe sich das Befremdliche dieser Eigenständigkeit zuspitzen: Pilze stehen den Tieren näher als den Pflanzen. Wie Tiere leben sie von organischen Nährstoffen, und ihre Zellwände bestehen aus Chitin, einem Mehrfachzucker, der im Tier-, aber nicht im Pflanzenreich vorkommt. Und im Unterschied zu den (allermeisten) Pflanzen bilden Pilze kein Blattgrün. Wir reden hier nur von den Echten Pilzen (die „unechten" bilden zwei eigene Reiche), die wiederum in vier Stämme eingeteilt werden. Unter ihnen bilden Ständer- und Schlauchpilze die auffälligsten Fruchtkörper. Zu den Ständerpilzen gehören etwa die prominenten Pfifferling und Steinpilz, zu den weniger geläufigen Schlauchpilzen zählen beispielsweise die begehrten Trüffel.

◄ Zu den typischen Holzpilzen gehören die Samtfußrüblinge, die hier einen noch aufrechten Stamm befallen haben.

▼ Eine Handvoll Pilze: Zu den populärsten Speisepilzen aus dem Wald zählen die Pfifferlinge.

Lebensgemeinschaft Mykorrhiza

Sicher weiß mancher aus eigener Sammelerfahrung, dass keineswegs alle Pilze im Wald wachsen. Aber Pilze sind im Wald und für den Wald von überragender Bedeutung, ohne dass ihr Wirken ins Auge fällt. Nach Schätzungen fördern Pilze das Wachstum von achtzig bis neunzig Prozent aller Pflanzen. Als Partner bilden sie die sogenannte Mykorrhiza, ein Fachbegriff, der sich aus den griechischen Worten für Pilz (*mykes*) und Wurzel (*rhiza*) zusammensetzt. Das feine Pilzgewebe vergrößert nicht einfach das Aktionsfeld der Pflanzenwurzeln. Vielmehr kann es den Boden sehr viel besser durchwirken, um noch feinste Poren zur Aufnahme von Wasser und Nährsalzen zu nutzen.

Ein einzelner Pilz kann ohne Weiteres 15 Prozent der gesamten Baum-Assimilate für sein eigenes Wachstum beanspruchen. Vereinfacht gesagt: Während der Pilz für die Nährsalze zuständig ist, liefert das Gehölz die Nährzucker, also die organischen Kohlenstoffverbindungen, die herzustellen ihm die Fotosynthese ermöglicht. Und wie bei jeder Lebensgemeinschaft tut sich ein weites Feld partnerschaftlichen Verhaltens auf: Es gibt Pflanzen, die ohne Gegenleistung von den Pilzen zu profitieren versuchen, und es gibt Pilze, die das Gleiche anstreben.

Im Wald weitverbreitet ist die Ektomykorrhiza. Das ekto für „außen" erklärt sich durch die Eigenart der Pilzfäden, wohl in die Zwischenräume der Wurzelrindenzellen einzudringen, aber nicht in die Zellen selbst. Diese Verbindung gehen die meisten holzigen Pflanzen mit Pilzen ein, die überwiegend zu den Klassen der Schlauch- und Ständerpilze gehören. Einige sind ganz eng an eine bestimmte Baumart gebunden, wie die Namen Lärchenröhrling oder Fichtenreizker festhalten. Der Hyphenmantel des Pilzpartners umhüllt nur sehr kurze Abschnitte der Feinwurzeln, die sich verdicken und ihr Wachstum so ziemlich einstellen. Doch sind die Pilze nicht auf einen Baum fixiert. Vielmehr bilden sie

▼ Der – häufige – Gemeine Hallimasch befällt nicht nur totes Holz. Hier hat er sich über eine Allgäuer Fichte hergemacht.

▼ Die Schmetterlingstramete setzt auf Ensemblewirkung.

unterirdisch wirkliche Netzwerke, die mehrere Gehölze umfassen können. Und so geben sie nicht nur Nährstoffe aus dem Boden weiter, sondern transportieren auch welche von einer Pflanze zur anderen, können also den Nachwuchs versorgen, der mit seiner kleinen Fläche Laub noch wenig Chlorophyll bilden kann.

Eine andere Form des Zusammenspiels von Pilz und Pflanze ist die Endomykorrhiza. Endo bedeutet „innen", und anders als bei der Ektomykorrhiza dringen hier die Hyphen ins Innere der Baumrindenzellen ein. Die häufigste und wichtigste Form dieser Symbiose heißt arbuskuläre Endomykorrhiza. Das lateinische *arbusculus* bedeutet Bäumchen, verzweigen sich diese Pilze doch aufs Zarteste im Zelleninneren. Im Übrigen deutet vieles darauf hin, dass erst Endomykorrhiza-Pilze den Pflanzen aus dem Meer ans Land geholfen, also den Gang der Erdgeschichte ganz entscheidend beeinflusst haben.

Etwa siebzig Prozent aller Pflanzen leben in einer solchen Symbiose. Gemessen an ihrer großen Zahl stehen nur wenige Pilzpartner zur Verfügung. Diesen Glomeromycota fehlen die augenfälligen Fruchtkörper ebenso wie ein deutscher Name. Früher den Jochpilzen zugeordnet, hat ihre genetische Untersuchung eine ganz andere Identität an den Tag gebracht, sie werden jetzt als eigene Abteilung geführt. Vor allem stellen die Glomeromycota den wichtigen Nährstoff Phosphor bereit. Bei Heidekrautgewächsen und Orchideen sind andere Varianten dieser Symbiose zu beobachten. Den Ericaceen, die sich auf den ganz nährstoffarmen Böden behaupten müssen, ermöglichen ihre Pilze überhaupt erst die Existenz. Womöglich noch stärker werden die Pilzpartner von den Orchideen beansprucht. Den extrem leichten Orchideensamen fehlt jeder Nährkörper, sie können nur mit dem Pilzpartner keimen. Und solange Orchideen keine Fotosynthese betreiben können, ist das ein parasitäres Verhältnis. Einige Arten aus dieser Gruppe, etwa die Vogel-Nestwurz oder der Widerbart (*Epipogium aphyllum*), bilden ihr Leben lang kein oder doch fast kein Blattgrün, ihre Pilze geben immer, ohne zu nehmen.

Die unablässige, zwangsläufige Düngung aus der Luft erzwingt eine Anmerkung: Wenn diese Stickstoffe den Boden nähren, verlieren die Mykorrhiza-Pilze besonders im sauren Milieu ihre Lebensaufgabe. Auf Dauer wird nicht nur das grandiose unterirdische Netzwerk der Myzelien geschwächt, sondern der gesamte Lebensraum Wald.

Pilze als Zersetzer und Zerstörer

Wie etliche Pilze am Aufbau des Waldes beteiligt sind, gibt es andere, die den ebenso wichtigen Abbau mitbetreiben. Sie stellen neben den Bakterien sogar die bedeutendste Gruppe der Lebewesen, die organische Materie mineralisieren und so als Nahrung wieder verfügbar machen. Gleich den Mykorrhiza-Pilzen besetzen auch sie eine zentrale Stelle im geschlossenen Stoffkreislauf des Ökosystems.

Bei steigenden Totholzraten sind diese Pilzarten besonders gefragt, weil sie als Verursacher der Braunfäule die schwer abbaubare Zellulose und als Verursacher der Weißfäule die noch widerständigeren Lignine zerlegen.

Mykologen-Deutsch

Eine kleine Verbeugung vor den Pilzkundlern sei erlaubt, denn ihre sprachschöpferische Fantasie verdient uneingeschränkte Bewunderung. Dabei muss nicht einmal der Hallimasch ins Feld geführt werden, der je nach Lesart Hall (wegen der abführenden Wirkung) oder Heil (wegen seiner möglichen Wirksamkeit gegen Hämorriden) im Arsch bedeuten soll. Aber so glasklare und doch anschauliche Namen wie etwa Behangener Düngerling, Schöngelber Klumpfuß, Spitzbuckeliger Orangenschleierling (Achtung: äußerst giftig!) bleiben viel eher im Gedächtnis als der Pilz selbst.

Lignine, eingelagert in die Gehölz-Zellwände, sind der Garant für ihre statische Belastbarkeit, machen eigentlich das Holz zum Holz. Lignine aufzuschließen ist ein entsprechend zeit- und energieaufwendiger Vorgang. Ihr Anteil an der Gesamtmasse beträgt bei den Nadelbäumen bis 32 Prozent, bei Buchen bis 23 Prozent.
Sofern sich die Holzpilze im Wald nur am toten Holz zu schaffen machen, ihre Abbauarbeit also eigentlich eine Aufbauarbeit ist, haben sie an der recht jungen Wertschätzung von Totholz teil. Aber manche besiedeln eben auch das grüne Holz. Dort verhalten sie sich nicht anders als am toten, doch aus menschlicher Perspektive sind sie jetzt Zerstörer oder gleich Schädlinge. Weil sie lebende Bäume zum Absterben bringen, werden etwa Gemeiner und Dunkler Hallimasch im Wald gefürchtet, zumal sie bei der Wahl ihrer Wirtsgehölze wenig wählerisch sind. Ebenfalls lebende Bäume befällt der Wurzelschwamm (*Heterobasidion annosum*). Er befällt vor allem Koniferen und richtet oft Schäden in zweistelliger Millionenhöhe an. Ein Schlauchpilz hat die Berg-Ulme fast ausgelöscht und auch der Feld-Ulme übel zugesetzt, ein anderer macht der Esche schwer zu schaffen.

Eine Art Geheimnisträger – der Fliegenpilz

Pilzgourmets erfasst ein heimliches Bedauern. Wächst doch in unseren Wäldern, und wächst dort von Sommer bis Herbst immer noch reichlich, ein Pilz von ebenso prägnantem wie appetitlichem Aussehen. Ein karmesinroter, weißgeflockter Hut macht ihn unverwechselbar und ist ohne Zweifel eine Augenweide. Viele Abbildungen erwecken den Eindruck, als sei gerade er Träger des Waldgeheimnisses, und es muss gar kein pfeifeschmauchender Garten- oder sonstiger Zwerg an seinem Stiel lehnen.
Wohl ist der Fliegenpilz (*Amanita muscaria*) giftig, ältere Pilzbücher schildern farbig die Folgen des Verzehrs. Ganz so zielstrebig wie die erprobt tödlichen Knollenblätterpilze, die zu ihrer nächsten Verwandtschaft

gehören, wirkt der Fliegenpilz jedoch nicht, wenngleich er heftige Beschwerden verursachen kann.

Nun gibt es unter den Pilzgenießern solche und solche. Für den Rotbehüteten schwärmen solche, die auch bei den Rauschmitteln Wert auf natürliche Lebensweise legen. Andere Autoren versichern, der Fliegenpilzkonsum bei vielen sibirischen oder auch nordafrikanischen Völkern sei keineswegs gängige Praxis gewesen, sondern streng gehütetes Vorrecht der Schamanen. So hat der Pilz manchen Theorien Nahrung gegeben, und nicht einmal zu den verwegensten Deutern seiner geheimen Kräfte gehörte der namhafte Qumran-Forscher John Marco Allegro. Er sah in der phallischen Gestalt des jungen Pilzes eine Quelle sexueller Sinnbildlichkeit, überdies ein sehr altes Symbol diverser Fruchtbarkeitsgötter – ja Allegro hielt den Fliegenpilz für ein geheiligtes Wesen. Insofern die Art als bewusstseinserweiternde Droge Göttlichkeit verkörpert, zugleich aber irdische Gestalt annimmt, ist ein Himmlischer – Originalton Allegro – „Fleisch geworden". Dass sie es hier mit einer Art Religionsstifter zu tun haben, wird den heimischen Fliegenpilzkonsumenten gefallen. Sie können sich auf alte Traditionen berufen – oder doch auf Autoren, die von uralten Gebräuchen raunen.

Anderen genügt die lauschige Waldwiese und eine bequeme Rückenlage, wenn nur der Pilz berauscht. Solche Wertschätzung berührt immerhin sympathischer als das Wüten jener Zeitgenossen, die Fliegenpilze aus angeblich humanitären Gründen zerstören. Wer andere so vom Genuss eines Giftschwamms abhalten will, zerstört nur ein schönes Stück Waldnatur.

▼ Was immer sich gegen den giftigen Fliegenpilz sagen lässt, so schön wie er ist kaum ein anderer.

Totholz

Totes Holz – lebendiger Wald

Einst war „Altholz" ein sauber definierter Begriff. Er galt allein für das bereits verwendete Material; seit 2002 gibt es eine bundesweit gültige „Verordnung über Anforderungen an die Verwertung und Beseitigung von Altholz". Heute taucht der Begriff nicht nur in den Protokollen der Abfallwirtschaft, sondern auch in den Arbeiten zur Waldentwicklung auf. Dort allerdings ist der Begriff sehr unklar definiert. Der Zusammenhang lässt erkennen, dass es Bäume oder Baumbestände jenseits „der gewöhnlichen Hiebreife" bezeichnet. Dieser untergründige Bedeutungswandel wirft ein Schlaglicht auf die Verlegenheit im Umgang mit Wäldern, die nicht mehr nur aus dem Blickwinkel ihrer Nutzung betrachtet werden. Wirtschaftswälder sind Wälder mit verkürzten Lebenszeiten. Bäume können dort nicht einmal ihr biologisches Alter erreichen, geschweige denn zerfallen. Ihnen fehlen, wiederum amtlich gesprochen, die „späten Waldentwicklungsphasen".

Zum Lebensraum Wald gehört über das Altholz hinaus auch das Totholz. In den Urwäldern kann es dreißig Prozent der gesamten Holzmasse ausmachen, gegenüber durchschnittlich drei Prozent im Wirtschaftswald. Immerhin haben diverse Waldinventuren gezeigt, dass hiesige Wälder über mehr Totholz verfügen als bisher angenommen. Nicht alles, was die Statistiken als Wirtschaftswald führen, wird auch konsequent bewirtschaftet. Es muss gar nicht mal Einsicht im Spiel sein. Zu einem weniger strikten Umgang reicht manchmal ein Erbe, der mit einem hinterlassenen Waldstück nichts anzufangen weiß.

Wieder lässt sich darüber streiten, ob das Wort ganz glücklich gewählt ist. Tot ist tot, tot gehört zu den Eigenschaftswörtern, die eine Steigerung verbieten. Aber „Totholz" ist im heutigen Sprachgebrauch eine feste Größe und gilt als „wichtiger Bestandteil des Ökosystems Wald".

Beim Totholz gibt es Abstufungen. Ob ein Baum noch steht (Trockenholz) oder schon liegt (Moderholz), ob seine Krone niedergebrochen ist oder nur ein mächtiger Ast, das macht für die Totholzbewohner einen Unterschied. Wie schnell oder langsam der Abbau vonstattengeht, hängt von vielen Faktoren ab, generell dauert es bei den einzelnen Baumarten unterschiedlich lange. Den meisten Widerstand setzt die Eiche ihrem Vergehen entgegen, erst nach fünfzig Jahren ist sie zu Erdreich geworden.

Der Nutzen von Totholz für den Lebensraum zeigt sich am offensichtlichsten im Bergwald: Hier oben kann das Wurzelwerk mitsamt den geknickten Stämmen wenigstens einige Zeit vor Hangrutschungen bewahren. Außerdem bietet es den jungen Bäumen Schutz und Nährstoffe. Auf großen, niedergestürzten Stämmen können Fichtensamen bereits nach kurzer Zeit keimen. Gezielt ausgelegtes Totholz setzt eine dynamische Naturverjüngung in Gang. Auch andernorts schafft es im Wald wichtige Kleinbiotope, sorgt dort für einen besseren Temperaturausgleich und liefert einen Beitrag zur Bodenfeuchte wie zur Bodenfruchtbarkeit. Seine Düngergaben sind genau auf die Bedürfnisse der Waldeinheit abgestimmt.

Schon der eben erst abgestorbene Baum zieht viele Nutznießer an. Sein „frisch totes" Holz besiedeln etwa die berüchtigten Borkenkäfer oder Holzwespen. Natürlich trägt auch ihre Bohr- und Fraßaktivität zum weiteren Zerfall bei. Nach ein bis vier Jahren steht der

◄ Hier muss sogar noch die Steigerung erlaubt sein: hochtotes Holz.

► Totholz ist nicht nur für den Wald wichtig, sondern sorgt auch für den Strukturreichtum von Wasserläufen.

◀ Der Schwarzspecht (Dryocopus martius) ist der mit Abstand größte europäische Specht. Um seinen Nachwuchs zu beherbergen, braucht er schon mächtigere Stämme.

▶ Eine Riesen-Holzwespe (Urocerus gigas) legt ihre Eier ab.

Baum zwar noch aufrecht, verliert aber schon Äste und Zweige, die Rinde löst sich. Pilze und Bakterien greifen jetzt an, recht schnell sind Bast und Splintholz abgebaut, dann wird der innere Holzkörper von Pilzen durchdrungen. Insekten sind zur Stelle, die ein stärker zersetztes Substrat brauchen. Sie können sich von den Pilzen ernähren – oder auch von den Vorgängertieren, die ihnen den Boden erst bereitet haben. Nach etwa vier bis zehn Jahren bricht der Baum nieder, immer weiter vermorscht das Holz und geht in Mulm über, Fliegenlarven, Springschwänze und Milben werden heimisch. Aber auch typische Boden- oder bodennahe Bewohner wie Schnecken, Würmer und Asseln richten sich nun im Moderholz ein.

Hier wartet ein breites Nahrungsangebot auf Spechte und Fledermäuse. Diese Wirbeltiere sind auf Baumhöhlen angewiesen, wobei die Spechte für andere Arten häufig den Quartiermeister machen. Der größte unter ihnen, der Schwarzspecht (Dryocopus martius), braucht allerdings Bäume von vierzig Zentimeter Stammdurchmesser. Dafür zimmert er derart komfortable Höhlen, dass sogar der Baummarder sie nutzen kann. Mit kleineren Holzhohlräumen gibt sich die europaweit geschützte Bechsteinfledermaus (Myotis bechsteinii) zufrieden. Aber sie wechselt im Sommer ihren Unterschlupf häufig, sodass sie an geeignetem Wohnraum reichlich Bedarf hat.

Die wenigen Beispiele können nur andeuten, wie sich die Lebenszyklen der Arten ergänzen. Im Einzelnen sind hier noch viele Fragen offen, keinen Zweifel aber gibt es an der großen Vielfalt der Tiere und Pilze, die auf das Totholz direkt oder indirekt angewiesen sind. Grobe Schätzungen gehen von etwa einem Fünftel aller Waldarten aus, dazu gehören neben den schon erwähnten Pilzen vor allem Hautflügler und Käfer, dazu gehören aber auch einige Vogelarten und Säuger.

Fazit: Im Wald ist totholzreich gleich artenreich. Im Umkehrschluss bedeutet das: Zu wenig Totholz im Wald erhöht die Zahl der bedrohten Totholzarten.

▲ Die rare Bechsteinfledermaus (Myotis bechsteinii) nutzt die Baumhöhlen naturnaher Mischwälder als Sommerquartier.

Käfer im Totholz

Neben den bereits gewürdigten Pilzen stellen die Käfer unter den Totholznutzern die wichtigste Gruppe. 1992 rückte die Flora-Fauna-Habitat-Richtlinie der EU einen ihrer bis dato kaum bekannten Vertreter ins Rampenlicht. Dabei kann der braunschwarze Eremit (*Osmoderma eremita*) bis zu vier Zentimeter lang und knapp zwei Zentimeter breit werden, erreicht also eine für Käfer durchaus stattliche Größe. Doch viele Eremiten verlassen ihre Höhle im Mulm der Laubbäume zeitlebens nie. Öfter im Freien begegnen noch die Weibchen, die von ihrem männlichen Pendant zur Paarungszeit durch einen heftigen Duftstoff angelockt werden. Dieser Geruch imponiert auch der menschlichen Nase, nach ihm heißt die Art ebenfalls Juchtenkäfer. Ob er nun wirklich an Birkenteeröl erinnert, sei dahingestellt, hilfsweise wird er auch mit dem Aprikosenaroma verglichen.

Bei der heimlichen Lebensweise des Eremiten kann es immer einmal zu einem überraschenden Fund kommen, insgesamt jedoch ist dieser Baumhöhlenbewohner äußerst selten geworden. Früher zählten die Auwälder zu seinen bevorzugten Lebensräumen, der Eremit hatte wohl unter dem großflächigen Verschwinden dieses Waldtyps besonders zu leiden. Heute begnügt sich der Käfer mit dem Gehölzangebot von Friedhöfen, Obstgärten und Alleen. Er genießt EU-weit den höchstmöglichen Schutz.

Ein ebenfalls äußerst seltener Käfer und „prioritäre Art von öffentlichem Interesse" (EU) ist der Alpenbock (*Rosalia alpina*). Sein Name täuscht, er kommt auch in tieferen Lagen bis etwa fünfhundert Meter vor. Sein Hauptverbreitungsgebiet ist das südliche Mittel- und Südosteuropa. Seine schwarz-blaue, sehr variable Zeichnung gehört zum Exquisitesten, was die europäische Insektenwelt zu bieten hat. Und auch dieses bis vier Zentimeter lange Tier ist ein Totholzbewohner der Laubwälder, Buche bevorzugt. Mangels anderer Möglichkeiten weicht er auch schon einmal auf einen Stapel

▼ Der Eremit (*Osmoderma eremita*) bleibt selbst für erfahrene Waldläufer oft unsichtbar (oben), der streng geschützte Alpenbock (*Rosalia alpina*) ist einer unserer schönsten Käfer (unten).

geklaftertes Holz am besonnten Wegrand aus; öfter mit dem traurigen Ergebnis, dass ein EU-weit strengst geschützter Käfer in den Flammen eines traulichen Kaminfeuers endet.

Zur gleichen Familie gehört der Große Eichenbock oder auch Heldbock (*Cerambyx cerdo*). Das dunkelst braune Tier bevorzugt (absterbende) Stiel-Eichen, und kaum jemals verlässt ein ausgewachsenes Exemplar den Baum seiner Geburt. Aus etlichen Bundesländern sind nur mehr Einzelvorkommen bekannt, und das heißt in seinem Fall Vorkommen von einem einzigen Baum. Beim Großen Eichenbock wirkt die Ironie der Geschichte auf besondere Weise: Die ältere Forstliteratur brandmarkt ihn noch als „größten Holzzerstörer", heute gilt er als hoch gefährdet und steht unter Naturschutz.

▼ Der Eichenheldbock *(Cerambyx cerdo)* hinterlässt im Holz eindrucksvolle und jedenfalls tiefe Spuren, wie das Bild rechts zeigt.

Die meiste Aufmerksamkeit aber findet seit jeher der Hirschkäfer *(Lucanus cervus)*, den Europas Rote Listen „stark gefährdet" oder doch zumindest „gefährdet" nennen. In Europa ist er der größte unter seinesgleichen, die geweihähnlich ausgeprägten Mundwerkzeuge hat allerdings nur das Männchen.

Vielleicht förderte sein imposantes Erscheinungsbild die Lesart, dass seine Larven im mürben Holz der Eichen leben und andere Laubbäume so gut wie gar nicht bemüht werden. Neuere Forschungen haben diese Annahme jedoch widerlegt. Zwar meidet die Art die Koniferen, aber bei den Laubbäumen zeigt sie keine ausgesprochenen Vorlieben. Entscheidend sind das (große) Volumen und die (fortgeschrittene) Mürbheit des Holzes; wenn ihm dessen Konsistenz zusagt, legt das Weibchen seine Eier sogar in Masten oder einem Verbund von Eisenbahnschwellen.

Und auch sonst hat die Forschung das bisher gängige Hirschkäferbild zurechtgerückt: Wer einen Hirschkäfer im Garten antrifft, hat keinen Irrläufer vor sich. Bei der Brutstätten-Wahl bevorzugt die Art eher Offenlandstrukturen und nicht die geschlossenen Wälder. Wie viele andere achtet der größte einheimische Käfer auf einen gut durchwärmten Platz. Vor allem aber: Gründliche Beobachtung muss den Aussagen über seine Gefährdung vorangehen. Zwar zeigt sich der Hirschkäfer schweren Flugs nur in den Abendstunden weniger Frühlingstage, aber von seinem seltenen Auftreten darf nicht ohne Weiteres auf die Seltenheit der Art geschlossen werden.

Insgesamt spricht für die Darstellung der großen oder doch größeren Käfer, dass ihre Beziehungen zur Umwelt weitgehend geklärt sind. Das lässt sich bei Weitem nicht von allen Totholzkäfern sagen. Etliche davon kennen selbst Förster nur aus dem Lehrbuch, Kapitel

▼ Kampf zweier Hirschkäfer *(Lucanus cervus)*

Schädlinge. Und dass etwa der Große Eichenbock nicht nur auf einer Roten Liste auftaucht, sondern auch geschützt werden soll, mag manchen irritieren.

Immerhin gibt es auch Totholzbewohner wie den Gemeinen Ameisenbuntkäfer (*Thanasimus formicarius*), aus menschlicher Sicht ein ausgesprochener Forstnützling: Ein Gutteil seiner Nahrung besteht aus Borkenkäfern. Allerdings kann auch er nichts mehr ausrichten, wenn sich Buchdrucker und Kupferstecher im Fichtenbestand massenhaft vermehren.

Rund 8000 Käferarten wurden für Mitteleuropa nachgewiesen, knapp 1400 sind dem Totholz mehr oder weniger eng verbunden. Und wie die Buche den Holzpilzen, bieten Eichen den meisten Käfern eine Heimstatt. Ursprünglich lebte dort auch die Larve des Nashornkäfers (*Oryctes nasicornis*), die sich heute durch Kompost- und Sägemehlhaufen als Sekundärbiotope frisst. Auch der Nashornkäfer gehört zu den seltenen und gefährdeten Totholzkäfern, von denen manche als „Urwaldrelikte" bezeichnet werden. Wenn dieser Begriff zutrifft, dann bringt das Wärmebedürfnis einiger Arten darüber ins Grübeln, wie dieser Urwald ausgesehen haben mag.

Im Einsatz für den Wald – Waldameisen

Ameisen haben seit der Antike einen großen Ruf. Nach einem gängigen Sprichwort sind sie schon deshalb nützlich, weil sie den Untätigen als gutes Beispiel vorgehalten werden können. Zuletzt wurden die Waldameisen sogar als Anzeiger für sonst nicht wahrgenommene Untergrundaktivitäten entdeckt. Über Erdrissen, an denen Gas austritt, sollen sie ihre Bauten anlegen. Hektische Aktivität der Völker könne deshalb früh auf vulkanisches Rumoren hinweisen.

Natürlich sind auch die Waldameisen ein Waldthema, obwohl die Bezeichnung Waldameise an Genauigkeit zu wünschen übrig lässt. Es gibt mehr als ein Dutzend Waldameisenarten und sie bauen mehr oder weniger auffällige Hügelnester. Wir beschränken uns auf die Rote (*Formica rufa*) und die Kahlrückige Waldameise (*Formica polyctena*). Letztere gilt als selten, allerdings äußerten neuere Untersuchungen daran begründete Zweifel.

Waldameisen verdanken die Aufmerksamkeit der Menschen zunächst einmal ihren Nestern, vor allem ihretwegen kann der Ameisenschutz auf eine über zweihundertjährige Geschichte zurückblicken. Die lieblose Bezeichnung „Haufen" verfehlt die geniale Anlage der Nesthügel völlig. Und ihre Kuppel ist ja nur der sichtbare Teil des Ganzen. Zu ihm muss noch ein etwa gleich großes unterirdisches Segment gerechnet werden, oft ist die Behausung um einen Baumstumpf angelegt. Übrigens unterscheiden sich die beiden Arten in der Wahl des Standorts. Zwar baut die eine wie die andere ihr Nest gern am Waldrand, doch nur die Kahlrückige Waldameise siedelt auch im Waldinneren. Die Ameisenbauten bestehen aus Nadeln, Knospenschuppen, Blättern und kleinen Zweigstücken. Eine Deckschicht sichert die Nestwärme und hält das Wasser ab. Die Hügel können, je nach Wärmegunst des Standorts, steil und hoch oder flach und ausgebreitet sein. Von der Nestgröße lässt sich auf die Größe des Volks schließen, je mächtiger das Nest, desto höher die Einwohnerzahl. Schon die ausgefuchste Klimatechnik der Nester verdient höchsten Respekt. Mit dem Frühjahr liegt die

▶ Schlichte, aber vorbildliche Architektur mit einer epochalen Klimatechnik: der Ameisenhügel

◀ Vor allem ihretwegen empfiehlt das Sprichwort den bequemeren Menschen, sich an der Ameise überhaupt ein Beispiel zu nehmen: Rote Waldameisen (*Formica rufa*).

Temperatur im Kernbereich bei konstanten 29 Grad. Geregelt wird das Klima über den Stoffwechsel, die Sonneneinstrahlung und den kontrollierten Luftaustausch, dazu werden die Nesteingänge bei Bedarf erweitert, verengt oder geschlossen. Während die Eier kühl und feucht untergebracht sein wollen, brauchen es die Tiere später warm und trocken.

Eigentlich verbietet sich im Fall beider Arten der Gebrauch des Singulars. Als Einzeltier könnten die Waldameisen nicht überleben. Bei ihren Kolonien fällt der Volkreichtum auch ins Laienauge. Die Art Polytecna kann es auf mehrere Millionen Exemplare bringen, Rufa ohne Weiteres auf mehrere Hunderttausend. Die schiere Größe bedingt einen hohen Organisationsgrad und eine ausgeklügelte Verständigung, Waldameisen kommunizieren meist über Berührungen und Duftstoffe. Zwar läuft ihr Zusammenleben längst nicht so konfliktfrei ab, wie das lange Zeit geglaubt wurde, aber die Konflikte werden eben doch gelöst.

Nur sind Ameisenkolonien ein „Weiberstaat". Wie bei den Bienen sorgt allein die Königin für Nachwuchs. Aus ihren befruchteten Eiern werden die (geschlechtlich inaktiven) Arbeiterinnen, aus den unbefruchteten die stets geflügelten Männchen, die nach erfolgter Zeugungstätigkeit das Zeitliche zu segnen haben. Die Arbeiterinnen werden fünf oder sechs Jahre alt, die Königin erreicht das hohe Alter von 20, 25 Jahren.

Die Aufgaben im Staat werden von spezialisierten Kräften erledigt, einige halten das Nest instand, andere pflegen die Brut, wieder andere suchen nach Nahrung und das bis hinauf in die Baumwipfel. Ihr Jagdgebiet ums Nest, das im Zentrum der Wege liegt, beträgt etwa ein Hektar. Gemeinsam bewältigen sie erstaunlich große Beutetiere, eine einzelne Arbeiterin kann Insekten bis zum Vierzigfachen ihres eigenen Gewichts fortschleppen.

Waldameisen sind Allesfresser, doch ihre wichtigste Nahrungsquelle ist der „Honigtau". Hinter diesem angenehmen Wort verstecken sich die zucker- und eiweißhaltigen Kottropfen von Blatt-, Rinden- oder Schildläusen, die regelrecht gemolken werden, der Fachmann nennt den Vorgang „betrillern". Die Läusekolonien werden sorgfältig gepflegt und bei Bedarf auch auf andere Bäume umgesiedelt. Übrigens sammeln Bienen ebenfalls diese ganz besondere Art Tau, der sogenannte Waldhonig besteht zum großen Teil aus ihm.

Viele Bienen können wiederum viele Waldpflanzen bestäuben. Und auf diesem kleinen Umweg gelangen wir zur Bedeutung der Waldameise fürs ganze Ökosystem. Waldameisen beugen der starken Vermehrung von Insekten, auch von Schadinsekten vor, obwohl sie das massenhafte Anschwellen einer Art nicht verhindern können. Umgekehrt stehen sie selbst auf der Speisekarte mancher Waldtiere, der Grünspecht hat eine besondere Vorliebe für sie. Darüber hinaus nutzen Vögel ein Ameisennest zur Körperpflege, sie rücken mit Ameisensäure ihren Parasiten zu Leibe.

Waldameisen verbreiten die Samen verschiedener Waldpflanzen, Buschwindröschen, Hohler Lerchensporn, Leberblümchen, Bärlauch oder das Nickende Perlgras müssten ohne sie ein Schattendasein führen. Weiterhin spielen sie im Nest die Gastgeber für verschiedene andere Tierarten. Es gibt faszinierende Hortbeziehungen zwischen Ameisen und bestimmten Schmetterlingsarten, Rosenkäferlarven schlüpfen gern bei den Waldameisen unter. Schließlich sollte auch ihr Beitrag zur Bodenbildung nicht unterschätzt werden.

Fazit: Die Waldameisen haben im Ökosystem Wald eine Schlüsselstellung inne. Ihr Schutz ist Waldschutz.

Waldnutzung

126 Hölzernes Zeitalter | **148** Flößerei und Holzhandel | **154** Niederwald und Holznot | **168** Vom Wald zum Forst | **184** Waldwendezeit

Hölzernes Zeitalter

Vom Nutzen des Waldes

Wie nützlich ist der Wald? Viele erwarten auf diese Frage eine Antwort in Form einer Geldsumme. Nur strecken selbst die mathematisch versiertesten Ökonomen ihre Waffen, wenn sie den Wert von Wäldern auf Euro und Cent ausrechnen sollen. Kaum lässt sich heute noch ermessen, wie umfassend der Wald in Anspruch genommen wurde. Dabei geht es um weit mehr als nur ums Holz. Der Vielfalt des Ökosystems entspricht die Vielfalt seiner Nutzungen.

Die mittelalterlichen Quellen kennen eine heute weniger geläufige Art Augenzeuge. Es waren Menschen, die aus der Hölle zurückgekehrt waren, und nun ihre Erlebnisse zum Besten gaben. Einmal wollte der Mainzer Erzbischof von einem solchen Rückkehrer wissen, wie denn nun die Örtlichkeit selbst beschaffen sei. Der geriet bei dieser sachlichen Nachfrage offenbar in Verlegenheit und griff zum nächstbesten Schreckbild, dem Wald. Der geistliche Herr nahm die Antwort von der praktischen Seite: Dann wäre ja wenigstens für die Schweinemast gesorgt.

Die Anekdote ist ein schönes Beispiel für die Koexistenz von Waldbildern und Waldnutzung. Was immer die Menschen in den Wald hineingelegt oder gar -geheimnist haben mögen, zuallererst haben sie ihn genutzt. Und leicht vergessen wir, dass der Wald nicht nur Holzlieferant, sondern auch landwirtschaftliche Ersatzfläche war. Woran etwa die Schweinemast erinnert.

In aller Munde ist der Wollige Schneeball (*Viburnum lantana*) gewiss nicht. Wenigstens etwas mehr Aufmerksamkeit verdankt er einem Jahrhundertfund. Auf 5300 Jahre wurde das Alter der Mumie geschätzt, die der Hauslabjoch-Gletscher 1991 freigab und die alle Welt bald plump-vertraulich „Ötzi" nannte. Der Mann aus dem Eis trug auch einen Bogen aus Eibenholz bei sich – und zwölf Pfeilschaft-Rohlinge aus dem Holz des Wolligen Schneeballs. Die gründliche Untersuchung des Gletschermannes gab einmal mehr Anlass, über die gediegenen Materialkenntnisse unserer Vorfahren zu staunen. Bestens eignet sich das langfaserige, elastische Holz dieses unauffälligen, höchstens vier Meter hohen Strauchs für die vorgesehene Verwendung.

Insofern der kalkholde Wollige Schneeball meist an Waldsäumen oder in Gebüschen wächst, nähern wir uns dem Thema des Kapitels auch räumlich vom Rand her. Dieser Rand bezeichnet selbst als unmerklicher Übergang eine scharfe Grenze: die zwischen Wald und Offenland. Leicht gerät heute aus dem Blick, wie zwingend die mitteleuropäischen Menschen auch dann noch auf den Wald angewiesen waren, wenn sie auf seinen ehemaligen Standorten siedelten oder ackerten. Sein Holz diente zum Bau der Behausungen, es diente zum Kochen, Backen und Heizen, es diente eben auch als Werkzeug. Ohne Wald wäre kein Überleben möglich

◀ Aufgestapeltes Nutzholz in einem Buchenwald bedeckt mit Hasenglöckchen. Aber: Wie viel Ordnung muss tatsächlich sein in unseren Wäldern?

▼ Ein jungsteinzeitliches Haus der Pfahlbausiedlung Hornstaad am Bodensee, ca. 3900 v. Chr. Das Modell befindet sich im Archäologischen Landesmuseum Baden-Württemberg in Konstanz.

gewesen, Wald gehörte zu den Grundlagen der gesellschaftlichen Organisation. Nur wenig überspitzt lasst sich sagen, dass bis ins 18. Jahrhundert auf eine Epochengliederung getrost verzichtet und allgemein vom hölzernen Zeitalter gesprochen werden kann.

Wie früh verschwand der Wald?

Wer Holz sagt, spricht von der Nutzung des Waldes und damit von den menschlichen Eingriffen in diesen Lebensraum. Zwar wird das frühe Landschaftsbild immer noch gern mit „Wald, so weit das Auge reicht" umrissen. Aber diese Vorstellung bedarf der Korrektur. Als die Menschen in Mitteleuropa zu einer sesshaften Lebensweise übergingen, also am Beginn der Jungsteinzeit, verschwanden die Bäume in erheblicherem Umfang. Nur war das gerodete Land nicht dauerhaft freigekämpft, die Menschen damals, selbst noch die der folgenden Metallzeiten, haben nicht allzu lange auf einem Fleck gesiedelt. Immer wieder zwangen die wenig ertragreichen Getreidesorten, die beschrankten Möglichkeiten der Bodenbearbeitung oder andere Ursachen sie, ihr Offenland nach einigen Jahrzehnten aufzugeben und weiterzuziehen. Dann konnten die Bäume zurückkehren – und das bei laufendem Wandel des natürlichen Waldbilds.

Zu Beginn der Sesshaftigkeit sahen die Wälder noch anders aus als heute: Um 5500 v. Chr. rodeten die Menschen lindenreiche Eichenbestände. Ob ihre Weise, sich die Erde untertan zu machen, das Vordringen der Buche begünstigte, darüber darf nachgedacht werden.

Die ersten Landnahmen setzen nicht überall zur gleichen Zeit ein. Größte Anziehungskraft hatten die Lössgebiete, mindestens eben so sehr wegen der leichten Bearbeitbarkeit wie auch der Fruchtbarkeit des Bodens. Und der

▼ Ein Lebensbild vom Niederrhein (Bedburg-Königshoven) vor 10 000 Jahren (Mittlere Steinzeit)

▲ Steinerner römischer Wachturm bei Grab im Rems-Murr-Kreis. Diese Türme gehörten zum Limes, der mit Palisaden, Graben und Wall die Grenze gegen den Feind im Osten sicherte.

wenig widerständige Untergrund führte auch zur relativ frühen Besiedlung der norddeutschen Geest, obwohl die Produktivität ihrer Sande gering war. Dort finden sich jedenfalls Hinweise zu einer sehr frühen Überbeanspruchung des Bodens. Wenn die Äcker hier aufgegeben wurden, konnte der Wald nicht mehr zurückkehren, vielmehr entstanden die ersten Heideflächen.

In Gegenden, die den Bedürfnissen der frühen Ackerbauern am ehesten entsprachen, kam es früh zu stärkeren Eingriffen. So begann die Umwandlung der Natur- in eine Kulturlandschaft am südlichen Oberrhein etwa am Übergang von der Jungsteinzeit zur Bronzezeit. Nur kann eben, was sich für den Kaiserstuhl oder Tuniberg sagen lässt, nicht auf den benachbarten Schwarzwald übertragen werden. Und offenbar herrschte selbst am Kaiserstuhl später für längere Zeit Siedlungsruhe, bis dann um 450 v. Chr. wieder intensivere Rodungen einsetzten.

Da es während der Frühzeit bäuerlichen Wirtschaftens noch keine Wiesen gab, wird der Wald viel stärker in Anspruch genommen worden sein. Im Winter musste das Laub der Bäume verfüttert werden. Dazu wurden nicht die Blätter abgestreift, sondern die ganzen Zweige abgeschnitten. Dieses „Schneiteln" blieb lange Zeit üblich, noch bis ins 20. Jahrhundert diente Laubheu mancherorts als Nahrung für das aufgestallte Vieh. Offenbar gab es Bäume, deren Laub sich eigens anbot, Linden und Eschen gehörten dazu, aber wohl auch die Ulmen. Schon um 3000 v. Chr. grassierte in Nordwesteuropa ein Ulmensterben. Der Vermutung liegt nahe, dass Ulmen ein Schneiteln besonders schlecht vertrugen und dass bei derart geschwächten Bäumen der Verursacher-Pilz *Ceratocystis ulmi* leichtes Spiel hatte.

Aber das ist nur eine der vielen offenen Fragen dazu, wie die Menschen vorzeiten das Waldgefüge beeinflussten. Immerhin haben Einzeluntersuchungen während der letzten Jahrzehnte manche Hinweise gegeben. Vielleicht bilden diese Untersuchungen einmal ein Netz, dessen Dichte allgemeingültige Schlüsse ermöglicht. Vorläufig zeichnen sich für das Verhältnis zwischen Mensch und Wald bis in die Eisenzeit nur die Rahmenbedingungen ab.

Schon eine genauere Antwort lässt die Frage zu, wie sich die Waldverteilung im freien Germanien von der im römisch besetzten unterschied. Die großen Städte Mainz, Trier und Köln hatten allein schon einen erheblichen Holzbedarf. Er wurde teilweise aus den Wäldern dicht hinter dem Limes gedeckt (zu dessen Bau ebenfalls viel Holz gebraucht wurde). Weil die zahlreichen Bürger ebenfalls mit Getreide versorgt werden mussten, waren die stadtnahen fruchtbaren Lössgegenden landwirtschaftlich intensiv genutzt. Bezeichnenderweise lag die hessische Wetterau innerhalb des Limes: Um die Kornkammer zu sichern, bog die Befestigung hier nach Osten aus. Die Wetterau war zur Römerzeit völlig waldfrei, in der Zülpicher Börde vor den Toren Kölns gab es nur mehr Gehölzinseln.

Die Rodungen des Mittelalters

Es heißt fleißig sein und roden, um Boden für den Anbau zu gewinnen; der unnütze Wald muss gefällt werden.

GUSTAV WASA, KÖNIG VON SCHWEDEN

So ermunterte König Gustav Wasa von Schweden noch um 1550 seine Landsleute. Die Landesherren im Reich fanden damals kaum mehr zu solchem Brustton der Überzeugung. Obwohl sich auch hierzulande lange das Sprichwort hielt: „Holz und Unglück wachsen alle Tage." Während der Völkerwanderung hatte der Wald wieder an Boden gewonnen. Und einiges deutet darauf hin, dass die Siedlungssituation bis ins frühe Mittelalter instabil blieb. Zwar kam es häufiger zu Neugründungen, doch verschwanden auch viele Weiler und Dörfer wieder. Wie in urgeschichtlicher Zeit mussten einige wohl aufgegeben werden, weil die Fruchtbarkeit ihrer Ackerböden erschöpft war.

Stärker auf Kosten des Waldes ging erst wieder der Landesausbau des 8. und 9. Jahrhunderts. Die schriftlichen Quellen sind spärlich, doch bieten die Ortsnamen einen Anhaltspunkt. Sie geben über die Waldbewältigung Auskunft, wenn sich ihr Grundwort auf die Rodung zurückführen lässt. Schon zur Karolingerzeit sind Ortsnamen mit der Endung -ried bezeugt. Wo sie nicht die Bedeutung Ried haben, weisen sie auf einen gerodeten Baumbestand hin. Allerdings ist Vorsicht geboten. Ob ein Ort mit der Endung -rode nun um 800 oder erst um 1320 entstand, muss ohne weitere Bestimmungsmöglichkeiten häufig offenbleiben. Auf ein höheres Alter der Siedlungen deutet die Verbindung mit einem Personennamen hin.

Seit der Wende vom 11. zum 12. Jahrhundert wird die Landschaft planmäßig erschlossen. Den Waldabbau treiben weltliche und geistliche Grundherren voran, sie können sich von der Umwandlung in Ackerland gesteigerte Einkünfte versprechen. Jetzt häufen sich die Ortsnamen auf -rode, -reit beziehungsweise -reut (oder beginnen damit wie Reutlingen) und zeigen die Dynamik der Rodungstätigkeit an. Und auch Grundworte wie -hagen oder -hain lassen oft (nicht immer) den Schluss zu, dass dieser Weiler und dieses Dorf den Wald verdrängt haben.

Wenn sich bei Ortsnamen ein -brand oder -sengen erschließen lässt, geht ihre Existenz wahrscheinlich auf eine Brandrodung zurück, einem aus heutiger Sicht besonders verschwenderischen Umgang mit der Ressource Holz. Weniger offensichtlich beziehen sich die Grundworte -schwend oder -schwand auf die Offenlandgewinne. Während unter Rodung verstanden wird,

▲ Der „Totentanz" Hans Holbeins des Jüngeren (1538) vermittelt eine Vorstellung davon, welch knüppelharte Arbeit das Roden war.

Waldhistorie

Was heißt Forst?

Forst: Ganz ähnlich findet sich das Wort in den großen europäischen Sprachen: *forest* im Englischen, *forêt* im Französischen. Wobei hier die französische Vokabel vornan stehen müsste, denn Wort und Begriff kamen mit den Normannen nach England. Doch ob *Forst*, *forest*, *forêt* oder italienisch *foresta*, am Beginn steht ein *forestis*. Es erscheint in den Schriftquellen allerdings erst seit dem frühen Mittelalter. Heute tendiert die Forschung dazu, *forestis* vom altlateinischen *foris* abzuleiten, das die Bedeutung „draußen, außerhalb" hat. Auch hier gibt es Deutungsmöglichkeiten, jedoch dieses „Draußen" meinte wohl unbesiedeltes Land. Es lag nicht in erster Linie räumlich, sondern gesellschaftlich außerhalb, nämlich außerhalb festgefügter Besitzrechte. Auf dieses Land hatte der König als höchster Herrscher kraft eines *ius eremi* Zugriff. So lässt sich folgern, *forestis* sei vorrangig ein Rechtsbegriff und ein Forst meist, aber eben keineswegs zwingend notwendig ein Wald gewesen.

Doch gestatten die erhaltenen Dokumente, einen engeren, einen inhaltlichen Zusammenhang von Wald und Forst anzunehmen. Das lateinische *silva* für Wald zieht sich durch die ganze frühe Überlieferung und kann mit dem Eigenschaftswort *regalis* für „königlich" dieselbe Bedeutung wie *forestis* haben. Überhaupt darf, wer die frühmittelalterlichen Quellen durchmustert, keine scharf umrissenen Begriffe erwarten, der Wald erscheint in mancherlei sprachlicher Gestalt. Aber wie das mittellateinische *inforestare* für „einforsten" verdeutlicht, gehörte zum Forst auch der Rechtsakt. Wenn der König einforsten ließ, also seine Hand auf einen Wald legte, wurde der zu einem „Drinnen im Draußen", zu einem umgrenzten Raum. Deshalb könnte Forst wie First die scharf gezogene Linie meinen, eine Grenzlinie, die den Wald aussonderte.

Und früh schon gibt es die *forestarii*, die über das Waldeigentum des Königs wachten – schon damals nicht ohne Folgen für die ärmere Bevölkerung. Diejenigen, die das Holz, die Laubstreu, das Wild und die Früchte des Waldes zum Lebensunterhalt brauchten, hatten ihn bisher frei nutzen können. Die (spärlichen) Schriftzeugnisse dieser Zeit lassen nicht erkennen, ob die Einforstungen konfliktfrei vonstattengingen – im Gegensatz zu spätmittelalterlichen und frühneuzeitlichen Quellen, die von heftigem Widerstand gegen die immer höheren Besitzansprüche der Territorialherren berichten. So bleibt nur festzuhalten, dass es noch unter den Karolingern Pippin dem Jüngeren und seinem Sohn Karl dem Großen zu umfangreichen „Einforstungen" kommt.

Die späteren der frühen Urkunden lassen eine enge Verbindung von *forestis* und Wildbann erkennen. Weder im germanischen noch im römischen Recht

▲ Doppelbildnis (um 1250) von Kaiser Otto I. und seiner (ersten) Gemahlin Editha im Kapelleneinbau des Magdeburger Doms. Es waren die Ottonen, die den Waldbesitz des Königs zu großen Teilen der Kirche überließen, um diese als Säule des Staates zu stärken.

▼ Kloster Benediktbeuern mit seiner Umgebung. Wie bei vielen Darstellungen aus dieser Zeit fällt die sehr spärliche Bewaldung ins Auge. Kupferstich um 1619.

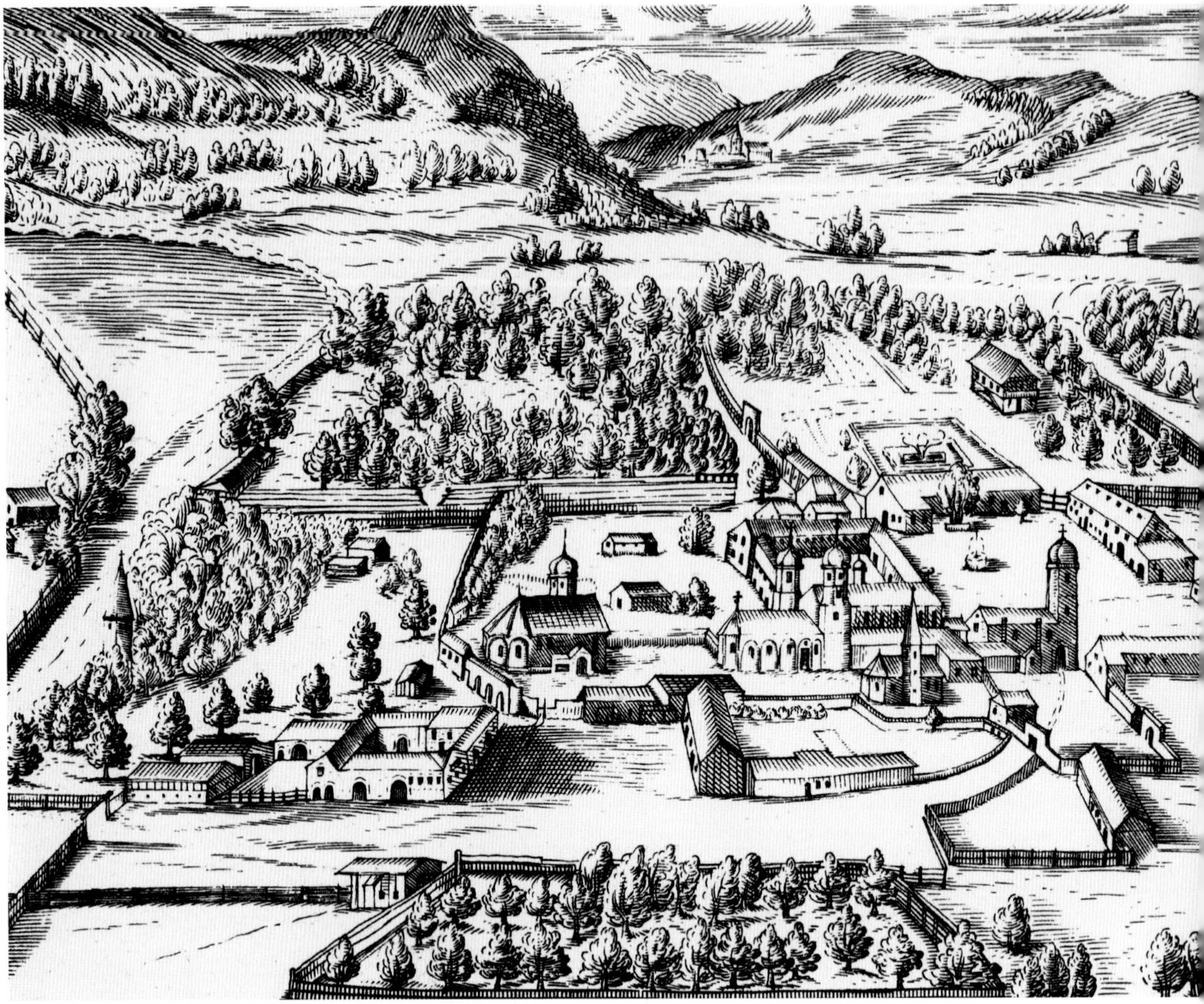

war die Jagd auf privilegierte Berechtigte eingeschränkt. Jetzt aber erscheint sie in den Königsurkunden als wichtigste Nutzung des Waldes, die sich einstweilen der Aussteller selbst vorbehält: Die Jagd gewinnt derart an Bedeutung, dass der „Forstbann" eigentlich zum Wildbann wird, eine Entwicklung, die im 15. Jahrhundert zum Ersatz des Wortes Wildbann durch Forst führt.

Schon seit dem 8. Jahrhundert gelangen *forestes* auch in den Besitz von Adel und Kirche. Und als die Karolinger ihre Macht schwinden sahen, vergaben sie zur Herrschaftssicherung gebannte Wälder an die Großen des Reiches. Später überließen die Ottonen den Waldbesitz vor allem der Kirche, um diese Säule ihrer Macht zu stärken. Kirchenfürsten konnten ihre Territorien wenigstens nicht direkten Nachkommen hinterlassen, während die Praxis des Lehnswesens die weltlichen Potentaten auf Kosten der Zentralgewalt stärkte. So blieben von dem ursprünglich gewaltigen und jedenfalls waldreichen Königsbesitz nur noch Inseln, die aber immer noch eine sehr beachtliche Ausdehnung haben konnten. Manchen Wäldern blieb die Bezeichnung Reichsforst und Reichswald namentlich erhalten, jedoch Königsforst heißt heute nur noch ein Areal im und um das rechtsrheinische Köln.

dass die Bäume mit der Wurzel beseitigt, also ausgerottet wurden, wird beim Schwenden die Rinde geringelt und der Baum so zum Absterben gebracht. Vor allem an steilen Hängen kann sich sein Wurzelwerk dann noch eine Weile nützlich machen, indem es die Bodenkrume festhält. Ihren Höhepunkt erreichten die Rodungen im 12. und 13. Jahrhundert. Nun wandelte sich das Reich tatsächlich in eine intensiv genutzte Kulturlandschaft, neben die Binnen- trat auch die Ostkolonisation. Um 1300 gab es so viele Siedlungen wie nie zuvor und nie mehr danach, wenngleich sie oft sehr klein waren.

Um 1000 entstanden im nördlichen Schwarzwald die ersten Waldhufendörfer. Ihre Gehöfte lagen aufgereiht entlang einer Talstraße, hinter jedem zog sich ein Streifen (Hufen) bergan. Oben umfasste er auch ein Stück Wald, der zur Erweiterung der Ackerfläche vorgesehen war. Dieser Siedlungstypus verbreitete sich rasch, für das 12. und 13. Jahrhundert lässt er sich im Spessart und Odenwald, im Thüringer und Bayerischen Wald und im Böhmerwald nachweisen, desgleichen im Fichtelgebirge und im Harz.

Die Erschließung ging dem Wald an die Substanz. Es waren ja nicht nur die verstreuten Siedlungen, denen immer mehr „wilde Bäume" zum Opfer fielen, auch ein entwickeltes Städtewesen hungerte nach Holz. Insgesamt verdreifachte sich die Einwohnerschaft Kerneuropas vom 11. zum 14. Jahrhundert. Wäre sie ungebrochen weiter gewachsen, lebten hier jetzt weit über eine Milliarde Menschen. Sich auszumalen, wie es dem Wald ergangen wäre, kann der Fantasie überlassen bleiben.

Aber die Krisen um 1350 (allen voran die Pest) sorgten für einen drastischen Einbruch der Bevölkerungszahlen – und sie sorgten für die Aufgabe vieler Siedlungen. Orte „fallen wüst", und noch heute zeigen eindrucksvolle Bilder, wie diese Wüste vom Wald zurückerobert wird. Im Extremfall konnte dieses Schicksal auch eine Stadt treffen, über den Mauerzügen des ostwestfälischen Blankenrode wiegen sich heute wieder die Wipfel eines Buchenwalds.

Der Wald als Weide

Der Wald hatte an der Viehhaltung nicht nur insofern Anteil, als er das Laubfutter für den Winter und die Einstreu für die Unterstände lieferte. Vielmehr waren die Viehhalter auch unmittelbar auf ihn angewiesen: Der Wald diente als Weide.

Gerade diese Inanspruchnahme ist uns fremd geworden, aber sie war jahrhundertelang selbstverständlich. Der Wald gehörte zur landwirtschaftlichen Nutzfläche, nicht selten wurde sein Wert weniger daran gemessen, welche Holzreserven er bereitstellte, als daran, wie gut sich das Vieh mit seiner Hilfe durchfüttern ließ. Dabei spielten Gras und Kräuter die Hauptrolle, folglich war das Interesse an möglichst lichten Baumbeständen hoch. Außerdem lieferten Falllaub, Zwergsträucher und Moos Einstreu für den Stall. So hatte es der Gehölz-Nachwuchs noch schwerer, weil dem Wald Nährstoffe entzogen wurden.

Schon in der germanischen Mythologie knabbert die Ziege Fleidrun am Weltenbaum, und tatsächlich setzten Ziegen dem Wald besonders heftig zu. Sie verschmähen auch die holzigeren Teile eines Gehölzes nicht, im Übrigen sind sie die gewandtesten Kletterer unter den Nutztieren. So behauptet die „Kuh des armen Mannes" unangefochten den Spitzenplatz der Schädlichkeitsrangliste, es folgen das Schaf und – in gemessenem Abstand – Rind und Pferd. Im Alpenraum zeigen manche Baumkronen heute noch eine scharfe Fraßkante; sie lässt erkennen, bis wohin die hungrigen Mäuler des Viehs gereicht haben.

Mit anderen Worten: Der Wald wurde auch als Weide stark beansprucht. Das Vieh vernichtete den Jungwuchs, sein Tritt verdichtete den Boden, und auch für die Erosion konnte es mitverantwortlich gemacht werden. Den Forstleuten waren Haustiere im Wald ohnehin ein Dorn im Auge. Doch zunächst gab es dagegen kaum Handhaben, weil die dörflichen Gemeinschaften mehr oder weniger verbriefte Rechte auf den Eintrieb besaßen.

Auf Eichen wachsen die besten Schinken

Mancher Grundherr verdankte der Schweinemast höhere Einnahmen als dem Holzeinschlag. Und für die Schweinehalter konnte es sich durchaus lohnen, die Tiere hundert Kilometer weit zu treiben, wenn der Eckerich anstand. Schon aus der damit verbundenen Laufleistung geht hervor, dass die alten Schweinerassen nicht so viel Gewicht auf die Waage brachten wie die heutigen. Ohnehin wurden die Tiere häufig im Freien gehalten. Übrigens konnte bei solch aushäusiger Lebensweise ein männliches Wildschwein öfter für eine Blutauffrischung sorgen.

Höher im Kurs als die Bucheckern standen die Eicheln. Bucheckern sollten das Fleisch weich und tranig machen, Eicheln aber fest und aromatisch. Gleich nach der Mast wurden die meisten Schweine geschlachtet, einerseits, weil sie dann das höchste Gewicht hatten, andererseits, weil man sie sonst den Winter über hätte durchfüttern müssen. Gepökeltes Schweinefleisch, Würste, Schinken und Schmalz bildeten das Rückgrat für die Ernährung während der kalten Jahreszeit.

Oft erwecken die Quellen den Eindruck, das Beharren auf den Waldweiderechten sei nur als stures Festhalten am Hergebrachten zu verstehen. Sehr oft aber hatte die Landbevölkerung keine Alternative, die pure Not diktierte das Eintreiben des Viehs. Später versuchte die Obrigkeit immer machtvoller, die Trennung von Wald und Weide durchzusetzen. Ihrem Interesse kam entgegen, dass vonseiten der Forstleute die Hochwaldwirtschaft immer stärker favorisiert wurde. Und erst als die Fortschritte in der Agrarwissenschaft die Produktivität der landwirtschaftlichen Betriebe kräftig steigerten, sollte sich das Verhältnis zwischen den Förstern als Vertretern der Obrigkeit und den Bauern allmählich entspannen.
Welche Schäden die Waldweide wirklich nach sich zog, hing vom Standort, aber auch davon ab, wie viel Vieh und wie lange den Wald bevölkerte. Ganz sicher löst die Waldweide heute keinen Glaubenskrieg mehr aus. Inzwischen gibt es sogar Überlegungen, sie in begrenztem Umfang dort wieder zuzulassen, wo eine Auflichtung der Baumbestände größeren Artenreichtum verspricht. Natürlich müssen Biologen das Für und Wider der Waldweide prüfen. Sicher ist nicht zu befürchten, dass es zu einer Ziegeninvasion kommt. Doch sollte die massivere Statur heutiger Rinderrassen in Rechnung gestellt werden, wenn es um die Festlegung der Stück-Vieh-Zahlen pro Waldweidefläche geht.

Schweinemast im Wald

Der Blick zurück lohnt immer, aber manchmal lohnt er besonders. Eben erst wiedergewonnene Erkenntnisse gestatten die angemessene Behandlung eines Themas, das lange Zeit sträflich vernachlässigt wurde. Die Rede ist vom „Eckerich". So hieß früher die Mast im Wald, unter Eckern verstanden unsere Altvordern sowohl die Früchte der Eichen wie der Buchen.
Wir können hier nicht auf die überragende Bedeutung des Schweins in der Haustierhaltung eingehen. Doch

◄ Karl Spitzwegs Gemälde „Mädchen mit Ziege" (1861) ehrt an dieser Stelle das „Haustier der armen Leute". Die kletter- und verbissfreudigen Ziegen konnten dem Wald am schärfsten zusetzen.

so viel muss gesagt sein: Hinsichtlich der Fleischversorgung konnte ihm kein anderes Tier das Wasser reichen. Wie viel Fleisch ein Schwein lieferte, hing wesentlich von der Mast ab. Mitte bis Ende September wurde das Borstenvieh für acht bis 14 Wochen in den Wald getrieben. Bei ergiebigem Fruchtfall konnte mit einer Gewichtszunahme von einem Pfund pro Tag gerechnet werden. Wichtig war, dass die Tiere jetzt reichlich tranken, um die Bitterstoffe der Früchte auszuschwemmen. Für genügend Wasser sorgten meist die Hirten.

Welche Bedeutung dem Eckerich zukam, zeigen die handfesten Auseinandersetzungen um die Mastrechte. Zu den bekanntesten zählen die beiden Hamburger „Schweinekriege" von 1660 und 1671. Seit jeher hatten die Bürger Mastrechte im Sachsenwald, die nun der Herzog von Sachsen-Lauenburg als dessen Besitzer in Abrede stellte. Er ließ die Hamburger Schweine gefangen nehmen, die Stadt schickte daraufhin ihre Soldaten aus. Sie zwangen den Herzog, klein beizugeben.

Auch mittelalterliche Bildzeugnisse, vor allem die Darstellungen zu Monaten und Jahreszeiten, belegen den hohen Stellenwert der Schweinemast. Und überhaupt: Wenn auf mittelalterlichen Malereien der Wald vorkommt, dann in Zusammenhang mit der Jagd oder der Mast – und fast noch häufiger mit der Mast. Wenn also mancher Biologe meint, von Rechts wegen müsse die Buche bei uns einen höheren Symbolwert haben als die Eiche, dann schätzt er die Bedeutung des weniger häufigen Baums zu gering. Dass die Eiche so viel Ansehen genoss, hatte eben auch mit ihrer Rolle als Nährbaum zu tun.

Und während das übrige Vieh regelmäßig lange Waldschadenslisten auf sich zieht, hört man über Beeinträchtigungen durch Schweine wenig. Schweine werden sogar gelobt, weil sie als Allesfresser auch die Insektenlarven oder den Mäusenachwuchs kurz hielten. Ja, ihre Wühltätigkeit bereite sogar den Boden für neues Grün: Noch 1739 riet der landesherrliche Oberförster der Stadt Hannover, ihrem arg strapazierten Wald durch den Eintrieb von Borstenvieh aufzuhelfen. Die Tiere würden kostenlose Pflanzhilfe betreiben. Dieser Vorschlag ist auch insofern bemerkenswert, als die Fürsten-Förster damals schon der Holzgewinnung absoluten Vorrang einräumten und andere Nutzungen aus dem Wald herauszudrängen versuchten. Und zumindest der Verdacht liegt nahe, dass die Einkünfte aus der Mast zu einer positiven Bewertung des Borstenviehs geführt haben.

Aktuelle Naturschützer sprechen allerdings von empfindlichen Einbußen unter raren Orchideenarten. Sie gingen auf das Konto lüsterner Wildschweinrotten, für die Knabenkraut-Knollen offenbar ein besonderer Leckerbissen seien. Dennoch sollte gefragt werden, unter welchen Voraussetzungen sich das Schwein als Landschaftspfleger bewähren könnte. Im Wald scheinen die Wühlstellen der Tiere den Jungwuchs zu fördern, außerdem ließe sich das ökologisch Nützliche mit dem lukullisch Angenehmen verbinden. Aus einem Freilandexperiment mit Schweinen wurde ein Wirtschaftsbetrieb, der seine Tiere artgerecht unter Eichen hält. Die Produkte werden von Feinschmeckern lebhaft nachgefragt. Gern erinnern wir an das alte Sprichwort: Auf den Eichen wachsen die besten Schinken.

Vom Holzhunger der Salinen

Salz und Wald werden heute gleicher Weise selbstverständlich in Anspruch genommen, und auch beim Salz ist die Vielfalt seiner einstigen Nutzung aus dem Blick geraten: Salz war ja nicht nur ein Gewürz, sondern auch lange Zeit die einzige Möglichkeit, Lebensmittel haltbar zu machen. Meist wurde das Salz aus der Sole gewonnen. „Sole", um Johann Gottfried Borlach (1687–1768) zu zitieren, den Begründer des sächsischen Salinenwesens, „Sole ist Wasser, welches durch ein Salzgebirge

▶ Jahrhundertelang war die Nutzung des Waldes als Weide selbstverständlich. Die Abbildung zeigt eine Idylle mit Schweinehirt im Wald (Druck von 1879); auch seine Schutzbefohlenen sind sichtbar glückliche Tiere.

gegangen ist, sich in selbem gesalzen hat und mit dem Salze hervorkommt."

Das Salz wurde aus der Sole zurückgewonnen. Dazu war Holz gefragt, viel Holz, das den Sudpfannen einheizte. Selbst als nach 1600 die – überdies kostenintensiven – Gradierwerke einen Beitrag leisteten, den Holzverbrauch herabzusetzen, blieben auch Sudpfannen weiterhin in Gebrauch.

Mancherorts erreichte die Salzgewinnung schon früh einen beachtlichen Umfang, wie die Ausgrabungen in Schwäbisch Hall und jüngst noch in Bad Nauheim gezeigt haben. Bei der heutigen Kurstadt im Taunus vermuten die Archäologen, dass bereits für die keltische Saline der Wald um Nauheim großflächig herhalten musste. Salinen benötigten einen nahen Wald. Erinnert sei an die zugespitzte Bemerkung Claude-Nicolas Ledoux', der 1771 die Saline Arc-et-Semans für den König von Frankreich erbaute:

Es ist einfacher, das Wasser auf Reisen zu schicken, als einen Wald Stück um Stück durch die Gegend zu fahren.

CLAUDE-NICOLAS LEDOUX

Die Salzgewinnung war ein bedeutender Wirtschaftsfaktor, wie schon die Wendung „Weißes Gold" andeutet. Ende des 17. Jahrhunderts kamen die bayerischen Staatseinnahmen zu dreißig Prozent aus Salinen. Die Salinenkonvention von 1829 ist der älteste, heute noch wirksame Staatsvertrag Europas; sie wurde zwischen Österreich und dem Königreich Bayern geschlossen, um die Holzversorgung der Reichenhaller Salinen sicherzustellen.

Schon lange vorher kam ihr Brennmaterial aus den „Saalforsten", die auf dem Gebiet des Fürstbistums Salzburg lagen. Um 1500 wurden diese Wälder (bayerischer) Staatsbesitz, 1529 kamen beide Seiten überein, ein „Waldbuch" zu erstellen. Es regelte die Verhältnisse

▼ Saline mit Hallorenmuseum, Halle an der Saale. Vor allem Ende des 17. Jahrhunderts war die Salzgewinnung ein bedeutender Wirtschaftsfaktor, und dafür war viel Holz vonnöten.

detailliert und diente so einer nachhaltigen Nutzung der Bestände. Auch wurde, um beim Beispiel Reichenhall zu bleiben, etwa 1610 eine 31 Kilometer lange Leitung nach Traunstein gebaut, nicht zuletzt, weil es dort ergiebige Holzvorräte gab. (Die Quellen würden ohne Weiteres erlauben, bereits hier in die Holznotdebatte einzusteigen. Sie soll jedoch erst anschließen, wenn der ganze Fächer möglicher Waldverringerungen aufgeschlagen ist.)

Welche Bedeutung das Salz hatte, zeigt die Anlage des sächsischen Elsterfloßgrabens im 16. Jahrhundert. Er zweigte von der Weißen Elster ab und wurde hauptsächlich zu dem Zweck angelegt, Brennholz aus den vogtländischen Wäldern zur Salzquelle Poserna zu flößen. Die allerdings erwies sich als unergiebig, woraufhin der Kanal einen nördlichen Arm zu einer vermeintlich salzhaltigeren Quelle erhielt. Der bereits zitierte Johann Gottfried Borlach verwendete im 18. Jahrhundert erstmals Steinkohle zur Sicherung der sächsischen Salzproduktion.

Im Übrigen galt die Regel: Je geringer der Salzgehalt einer Sole, desto höher der Holzverbrauch. Konnte das Verhältnis nicht mehr gewahrt werden, wurde die Saline aufgegeben, wie zum Beispiel in (Bad) Salzungen und (Bad) Soden. Überhaupt geben die Quellen zu erkennen, dass der Holzverbrauch durch eine Saline als vergleichsweise hoch eingeschätzt wurde.

Nur sollen die aufgezählten Beispiele nicht suggerieren, dass die Salzgewinnung unmittelbar zu einer Holznot geführt habe. Ohnehin muss mit einem ebenso weitverbreiteten wie zählebigen Irrtum aufgeräumt werden: Die Lüneburger Heide entstand nicht wegen des hohen Holzbedarfs der hiesigen Saline, obwohl sie zu den bedeutendsten des Mittelalters gehörte. Pollenanalysen lassen auf die Anfänge dieser Offenlandschaft schon um 1500 v. Chr. schließen. Übernutzung des Bodens, wahrscheinlich Brandwirtschaft und Viehweide, gaben hier den Ausschlag.

Energieträger Holzkohle – die Köhlerei

Wer die Wälder unserer Mittelgebirge durchstreift, muss oft nur das welke Laub ein wenig zur Seite schieben. Er wird erstaunt sein, an wie vielen Stellen die schwarze Erde an den Tag kommt. Mit dem geschärften Blick wird er auch die kreisrunden Verebnungen in den

▼ Landschaftsbild aus der Lüneburger Heide, der Totengrund bei Wilsede. Oft wird irrtümlich angenommen, dass die Lüneburger Heide wegen des hohen Holzbedarfs der dortigen Salinen entstand. Tatsächlich sorgten Brandwirtschaft und Waldweide für die Offenlandschaft.

meist schwach geneigten Hängen bemerken. Und wird sie selbst dann als alte Meilerplätze ansprechen können, wenn hier schon längst wieder imposante Buchen Wurzeln geschlagen haben.

Seit dem Altertum ist die Technik des Verkohlens bekannt. Die Größe eines Meilers hing stark von den Gegebenheiten ab, je gewaltiger der Meiler, desto schwieriger die Kontrolle des Schwelbrands. Ein mittelgroßer Kegel bestand aus etwa achtzig Raummeter geschichtetem Holz, und es dauerte zwischen sechs und acht Tagen, bis dieses Rohmaterial verschwelt war. Mit seinem Feuerschacht in der Mitte und einer luftdichten Decke aus Gras, Moos und Erde musste der Meiler Tag und Nacht kontrolliert werden, denn an der genauen Regelung des Windzugs hing die Güte des Brands. Das war eine mühevolle, schlecht bezahlte Arbeit, die durchaus gediegener Kenntnisse bedurfte. Gegenüber dem Holz hatte Holzkohle erhebliche Vorteile. In Zeiten hoher Transportkosten zählte vor allem, dass sie wesentlich leichter war, im Fall der Buche verringerte sich das Gewicht ihrer Kohle auf ein Fünftel (und die Hälfte des Volumens). Köhlerei versprach besonders dann ein lohnendes Geschäft, wenn nicht geflößt werden konnte. Holzkohle hat eine größere Energiedichte

▶ Kupferstich „Der Köhler" aus dem Ständebuch von Christoph Weigel (1698), samt Sinnspruch des feurigen Predigers Abraham a Sancta Clara

▼ Köhler bei der Arbeit auf einem historischen Foto um 1926

Von Waldschmieden und Schmelzöfen

Erstaunlich viele Gaststätten heißen heute noch „Waldschmiede". Zugegeben, der Begriff führt nicht geradewegs ins Zentrum dieses Kapitels, aber er hält doch den engen Zusammenhang von Wald und Metallgewerbe gegenwärtig. Die Waldschmiede des Mittelalters und der frühen Neuzeit waren meist einzelne Handwerker, die ihrem Gewerbe abseits der Zentren nachgingen. Sie konzentrieren sich im und um das Gebiet des heutigen Hessen und waren ursprünglich wohl Hörige. Für die Wertschätzung ihrer Arbeit zeugt, dass diese Schmiede mit der Zeit viele Freiheiten erlangten und kaum mehr Frondienste leisten mussten. Sie unterlagen keinem Zunftzwang und lieferten oft Halbfertigwaren, versorgten aber auch die ländliche Bevölkerung wie ihre Grundherrschaft mit Werkzeugen.

Waldschmiede standen kaum an der Spitze des technischen Fortschritts, aber ihre Produktionsweise hielt sich doch zäh. Meist verhütteten sie den Raseneisenstein, der kein Stein, sondern ein zusammengebackenes Sediment war, aber einen hohen Eisenanteil hatte. Zudem stand er dicht unter der Erdoberfläche an, konnte also gut abgebaut werden. Über besonders ergiebige Vorkommen von Raseneisenstein verfügte das Norddeutsche Tiefland, wo er sich nach der letzten Eiszeit kompakt abgelagert hatte. Und so künden selbst auf dem Gebiet des heutigen Schleswig-Holstein, das nicht unbedingt als Bergbaurevier von sich reden macht, Schlackenreste von zahlreichen Schmelzöfen.

Auch weil sie so weitverbreitet war, kann nur sehr pauschal eingeschätzt werden, wie stark die Verhüttung den Baumbeständen zusetzte. Zwar wurde das Metall keineswegs nur in den Eisenlandschaften früh gewonnen, doch zeichneten sich bald bestimmte Montanregionen ab, die den Wald umso heftiger beanspruchten. Schon als das Eisen seinen Siegeszug antrat, also in Mitteleuropa seit Beginn des ersten vorchristlichen

als Holz. Sie heizt länger, sie wird heißer, sie war in historischer Zeit das einzige Brennmaterial, mit dem Temperaturen über tausend Grad erzielt werden konnten. Nur geringe Mengen Asche blieben zurück, außerdem enthielt Holzkohle wenig oder gar keinen Schwefel, der beim Verhütten das Eisen spröde werden ließ.

Selbstverständlich ging die Köhlerei manchem Wald an die Substanz. Als der Energieträger Steinkohle im 19. Jahrhundert an Boden gewann, verboten immer mehr Forstordnungen die Köhlerei. Heute wird wieder öfter Holzkohle nach alter Art gemeilert, und so gerät die traditionelle Technik wenigstens nicht in Vergessenheit. Oft gibt es zum Ablöschen des Meilers ein zünftiges Fest, bei dem die Holzkohle verkauft wird. Meist befeuern die Gäste zu Hause ihren Grill damit.

Waldhistorie

Saurer Regen im 19. Jahrhundert

Auch die ersten mit wissenschaftlichen Mitteln untersuchten Waldschäden gehen auf das Konto der Montanindustrie. Beim Rösten und Schmelzen des Erzes wurde Schwefel frei, der als Schwefeldioxid (SO_2) die Atmosphäre belastet. Demnach dürften die Schwefeldioxid-Emissionen, niedergegangen als Saurer Regen, nicht erst im 19. Jahrhundert über die Harzer oder Erzgebirgischen Wälder gekommen sein.

Noch heute ist die 1888/89 erbaute Halsbrücker Esse bei Freiberg ein ragendes Industriedenkmal. Ursprünglich 140 Meter hoch und mit dieser Höhe damals der welthöchste seiner Art, sollte der Schornstein dazu dienen, die Abgase weiter wegzuführen und zu verdünnen. Julius Adolph Stöckhardt (1809–1886), der hierzulande erstmals das Schwefeldioxid als Verursacher namhaft machte, hatte schon vorher bezweifelt, dass eine derart simple Maßnahme der Pflanzenwelt wirklich helfen könne. „Rauchschäden" heißt diese Variante der Umweltverschmutzung im 19. Jahrhundert. Damals lassen sich Beeinträchtigungen noch eingrenzen, sind aber auch andernorts von einem Ausmaß, dass sie 1883 ein Buch zur Folge haben. Sein Titel: *Die Beschädigung der Vegetation durch Rauch und die Oberharzer Hüttenrauchschäden*, Autoren waren der Dresdener Chemieprofessor Julius von Schröder und der Goslarer Forstmann Carl Reuss.

Kleiner Vorgriff: Später setzt ein großflächiger Tagebau dem Wald stärker und auf weitere Entfernung zu. Offenbar erstreckt sich die Ironie der Geschichte ebenso auch auf die Umweltgeschichte: Ein Nachfolger des Holzes als Energieträger, so gesehen ein

Retter des Waldes, nämlich die Braunkohle, sucht in Gestalt ihrer Abgase den Erzgebirgswald ganz fürchterlich heim. Die Emissionen der tschechischen

Waldhistorie 143

Braunkohlekraftwerke, ihr Saurer Regen, führen in den 1970er-Jahren zum Absterben der Fichte in den Kammlagen des östlichen Erzgebirges.

▲ Unversehens bekam sein Name eine aktuelle Bedeutung: Der Kahleberg (905 Meter) im Erzgebirge mit abgestorbenen Fichten (1996).

Jahrtausends, wird es zu großflächigen Nutzungen der Waldbestände gekommen sein. Für die Intensität keltischer Eisenproduktion im Siegerland (etwa ab 500 v. Chr.) sprechen die Pollenanalysen. Sie zeigen, dass die Buche an Boden verliert. Stattdessen prägen Eiche und Birke immer stärker die Nachfolgewälder. Doch eine halbwegs exakte Antwort auf die Frage, wie viel Wald die Eisenproduktion aufbraucht, lässt sich erst für die Spätphase geben. Um 1800 sind zur Herstellung einer Tonne Eisen zehn Tonnen Holzkohle erforderlich, die gesamte Jahresproduktion verbraucht ein Drittel des Holzzuwachses im gleichen Zeitraum.

Nach anderen Metallen, Kupfer, Blei, auch Silber, wurde ebenfalls früh geschürft, etwa im berühmten Schwazer Revier (Tirol). Der älteste Abbau ist schwer nachzuweisen, weil der spätere seine Spuren meist vernichtet hat. Immerhin lässt sich im Harz die Kupfergewinnung bis in die Zeit um Christi Geburt zurückverfolgen, und es mehren sich die Hinweise, dass Rammelsberger Kupfer wohl seit 1000 v. Chr. gewonnen wurde.

◂ Der kolorierte Holzschnitt stammt aus den zwölf Büchern *De re metallica* (1556) von Georgius Agricola (Georg Bauer), genauer aus der deutschsprachigen Ausgabe *Vom Bergwerk*, Frankfurt 1580. Die Abbildung im berühmten Standardwerk des sächsischen Renaissance-Gelehrten zeigt unter anderem, dass die Arbeit mit der Wünschelrute gängige Praxis bei den Erzsuchern war.

Abbau und Schmelze der Kupfererze veränderte mit der Zeit ihr Umfeld derart stark, dass schon im 8. Jahrhundert die natürlichen Waldbildner Buche und Eiche gegendweise verschwunden sind. Diesen Schluss erlauben neben den Pollenanalysen auch die erhaltenen Kohlenstücke. Häufig wurden Baumarten von geringer Heizkraft gemeilert (Birke und Pappel), selbst Sträucher – offenbar musste alles, was Holz war, zur Deckung des Energiebedarfs herhalten. Immerhin sind schon aus hochmittelalterlichen Bergbaurevieren Ansätze zu Waldordnungen bekannt. Über ihre Wirksamkeit lässt sich nur mutmaßen, doch spricht wenig dafür, dass Pergament ungeduldiger als Papier ist.

Seit Beginn des 13. Jahrhunderts wurde auch die Wasserkraft genutzt, jetzt gingen die Hüttenwerke an die Bach- oder Flussläufe. Zuvor wurde, wenn Abbau- und Verhüttungsplätze weiter auseinander lagen, das Erz zur Holzkohle gebracht. Damit stellt sich die Frage nach den Mengenverhältnissen: Im Fall des Harzkupfers wird vorsichtig geschätzt, dass zur Verarbeitung von einem Karren Roherz sechs bis acht Karren Holzkohle nötig waren, die wiederum gut sechzig Festmetern Holz entsprachen. Wenn die Harzer Hütten während des 11. und 12. Jahrhunderts jährlich – erneut nur sehr grob geschätzt – mehrere Hundert Zentner Kupfer lieferten, kann der Holzverbrauch auf etwa 30 000 Festmeter hochgerechnet werden. Dazu passt die lakonische Bemerkung einer (späten) Quelle aus dem 17. Jahrhundert, im ganzen Waldgebirge finde sich kein genügend starker Baum mehr, um einen Förster daran aufzuknüpfen.

Nur sei daran erinnert, dass Erzabbau und -verhüttung ihre Konjunkturen hatten. Falls der Wald in einer Hochzeit über Gebühr beansprucht wurde, konnte er sich in einer Phase des Niedergangs oder gar des Stillstands wieder erholen. Gerade in den Montanrevieren kommt es später zur engen Verbindung von Berg- und Waldbau, genauer zur Ausrichtung des Waldbaus auf die Bedürfnisse der Montangewerbe. Dass der viel beschworene Terminus „Nachhaltigkeit" zuerst im Werk eines barocken Oberberghauptmanns erscheint, ist kein Zufall, und dass dieser Oberberghauptmann auch noch am Fuß des Erzgebirges seinen Amtssitz hat, fügt sich besonders schön.

Auch im Oberharz, also dem eigentlichen Zentrum des Silberbergbaus, steht der Wald im Dienst des Metallgewerbes. Die Bergleute hier werden im Mittelalter „silvani" genannt, also Wald- oder Wildleute. Das hat außer dem praktischen Grund der Abgrenzung gegen die Goslarer und Rammelsberger „Montani" sicher weitreichendere Motive, die hier nicht weiter erörtert werden sollen. Doch einen Wilden Mann führt Wildemann, die kleinste der sieben Harzer „Bergstädte", bis heute im Wappen.

Waldglas und Pottasche

Besonders effizient trug die Glasherstellung zum Raubbau an den betroffenen Wäldern bei. Dabei schlug noch am geringsten zu Buche, dass die Öfen befeuert werden mussten. Auf das Brennmaterial entfielen nur rund drei Prozent, im äußersten Fall 15 Prozent des Holzverbrauchs. Die restliche Menge war nötig, um Pottasche zu gewinnen. Pottasche, korrekt Kaliumcarbonat (K_2CO_3), ist ein leicht wasserlösliches, helles Pulver, das bei 891 Grad schmilzt und seinerseits den Schmelzpunkt der Glasmasse von 1800 auf 1200 Grad herabsetzt. Diese Zahlen sind Richtwerte, bei einem höheren Anteil von Quarzsand stieg die Schmelztemperatur (allerdings stieg auch die Qualität des Glases). In historischer Zeit ließen sich hierzulande die benötigten Mengen Pottasche nur aus Holz gewinnen. Der Name Pottasche hält den Herstellungsprozess gegenwärtig. Nachdem die Pflanzenasche zur Lauge aufbereitet worden war, wurde sie eingedampft; das geschah in Töpfen. Der Waldverbrauch war dabei außerordentlich hoch: tausend Kilogramm Holz ergaben ein Kilogramm Pottasche.

So lag in der Natur der Sache, dass die Glasbläser waldreiche Gebiete aufsuchten. Zu ihnen gehörten etwa Böhmer-, Bayerischer, Thüringer und Pfälzerwald, aber auch Spessart und Solling. Das Gewerbe nutzte vorwiegend Eichen- und Buchenholz, der jährliche Waldbedarf einer einzigen, mittelgroßen Glashütte wurde auf zwanzig bis dreißig Hektar geschätzt. Wenn nach zehn bis dreißig Jahren die kostengünstig erreichbaren Vorräte aufgebraucht waren, zogen die Hüttenleute weiter.

Waldglas – Schmelzprodukt mit grünlichem Schimmer

Die Bezeichnung Waldglas trifft auf den Produktionsstandort wie die Farbe des Glases zu. Sein mehr oder weniger kräftiges Grün wird durch die Eisenoxide der verwendeten Sande verursacht. Der Begriff Waldglas kann sich deshalb auch auf eine ganze Epoche der Glasherstellung beziehen, die vom 13. bis ins 17. Jahrhundert reicht. Große und begehrte Ausnahme war das „kristallklare" venezianische Glas, das meist aus der Lagunenstadt kam.

Überhaupt war es eine große Kunst, qualitativ hochwertiges Glas herzustellen. Venedig zog seine Glasbläser auf der Insel Murano zusammen, ein offenbar lange Zeit wirksames Mittel, um das Monopol der Stadt für ihr Glas zu sichern. Auch sonst wurde das Wissen über die Herstellung des Werkstoffs kaum jemals aufgezeichnet, sondern über Generationen nur mündlich weitergegeben. Ein Arbeitsplatz fernab der Siedlungen, also im Wald, eignete sich gewiss eher zur Wahrung von Produktionsgeheimnissen.

An dieser Stelle drängt sich die Anmerkung auf, dass solcher Waldverbrauch durchaus positiv gesehen werden konnte. Es gab im Hochmittelalter Grundherren, denen er gleich doppelt gelegen kam. Erstens hatten sie Gewinn aus der Glasherstellung gezogen, zweitens Erschließungskosten gespart: Das Land war nun gerodet und konnte unter den Pflug genommen werden. Schon zur Römerzeit wurde im Rheinland Glas hergestellt. Im Mittelalter lagen die Kenntnisse zur Glasschmelze zunächst in den Händen der großen Klöster, im 14. Jahrhundert kommt es zu den ersten (urkundlich fassbaren) Klagen über Waldverwüstung. Doch ließen die Territorialherren die Glasbläser meist gewähren, eben weil aus ihrer Arbeit hohe Einnahmen für die Staatskasse folgten. Allerdings stand auch die Ausübung dieses Handwerks unter Konkurrenzvorbehalt: 1560 musste eine Erzgebirgische Glashütte den Betrieb einstellen, weil sie zu viel Holz verbrauchte – dessen Einsatz im Erzbergbau stellte (noch) größeren Gewinn in Aussicht.

▲ Ein historisches Instrument ist die zur Jagd gebrauchte Glasfanfare aus dem 18. Jahrhundert.

▼ „In der Glashütte am Schliersee" (1890), Druck nach einem Gemälde von A. Eckhardt. Die Glasherstellung trug besonders markant zum Raubbau an den Wäldern bei.

Flößerei und Holzhandel

Als die Wälder schwimmen lernten

Ein besonderes Kapitel der Waldnutzung ist die Flößerei, die etwa den Rhein früh in Mitleidenschaft zog: Als im 17. Jahrhundert am Binger Loch die ersten Sprengungen durchgeführt wurden, geschah das nicht zugunsten des Schiffs-, sondern des Floßverkehrs. Oberhalb lagen die großen Floßbauplätze, weil das Wasser unterhalb der berüchtigten Enge zu reißend war, um die Hunderte Quadratmeter große Flachware zusammenzusetzen.

Im 18. Jahrhundert war der „Holländerholzhandel" eine wirtschaftliche Größe. Wenn die „ungeheuren Böden" den Strom hinunterfuhren, zog es die Schaulustigen an seine Ufer. Ein Spektakel durften sie sich allemal versprechen. 300 Meter, sogar 400 Meter Länge konnten diese Ungetüme erreichen, ihre Besatzung 500 Mann stark sein.

Dreihundert Floßführer bewegen die riesige Maschine, große Ruder schlagen nach dem Takte ins Wasser vorn und rückwärts, … aus drei oder vier Hütten, wo die Matrosen ein- und ausgehen, steigt Rauch auf, und ein ganzes Dorf lebt und schwimmt auf diesem ungeheuren Boden von Tannenholz.

Victor Hugo, Der Rhein

Das Holz und der Wasserweg

Vieles spricht dafür, dass die Trift historisch der Flößerei vorausging. Aber schon sehr früh müssen erhebliche Mengen Holz den Rhein hinunter geflößt worden sein. Das Betonfundament der römischen Kölner Stadtmauer war mit Tannenholz verschalt, das nur aus dem Schwarzwald oder aus den (damals noch tannenreicheren) Vogesen gekommen sein kann.

Erstmals ausdrücklich erwähnt wird die Flößerei 1258. Die lateinisch abgefasste Urkunde bezieht sich auf die Saale und aus ihrem Text geht hervor, dass dieser frühe Schubverkehr schon längere Zeit gängige Praxis war. 1280 wird die Flößerei auf der Drau erwähnt, der Donau-Nebenfluss galt schon im 17. Jahrhundert als „Holzstraße Kärntens". Das „Wissen um die Flößerei auf der Oberen Drau" wurde von der österreichischen UNESCO-Kommission 2014 in die Liste des immateriellen Kulturerbes aufgenommen. Wasserläufe waren der kostengünstigste Transportweg, besonders im Fall der schweren Massengüter. Beim Floß kam hinzu, dass es Ware und Transportmittel zugleich war, so gesehen schwammen die Floßherren nicht unbedingt im, aber doch auf dem Geld.

Räumlich gesehen nahm die Flößerei in den Gebirgen ihren Ausgang. Schwarzwald, Bayerischer oder Frankenwald lieferten die Stämme, von den Alpen und aus dem Voralpenland trugen Inn, Isar und Loisach das Holz zu Tal. Nicht selten wurde dort verkauft, wo Nachfrage herrschte, also keineswegs immer auf Bestellung geliefert. Stete Nachfrage herrschte in den großen oder größeren Städten, die ihre nähere Umgebung längst entwaldet hatten, aber weiterhin große Mengen Holz verbrauchten.

Mancherorts gab es Flößerzünfte, andernorts nicht. Dabei gehörte zur Flößerei Erfahrung und Geschick, es bot sich demnach an, dieses Handwerk von der Pike auf zu lernen. Außerdem war die Arbeit nicht ungefährlich. Das Universalwerkzeug Flößerhaken wurde vor allem dann eingesetzt, wenn sich die Stämme ineinander verkeilt hatten. Geschick erforderte auch das Herstellen der Wieden. Wie starke Seile, aus jungen Fichten oder Haseln gewunden, wurden sie durch Löcher an den Stammenden geführt und verbanden die einzelnen Stämme zum „Gestör". Sogenannte Gurtwieden koppelten die einzelnen Gestöre hintereinander, sie ergaben dann das Floß.

◀ Die ihrer Zeit sichtlich verhaftete Bronzefigur „Der Isarflößer" von Fritz Koelle aus dem Jahr 1939 steht in München-Thalkirchen.

WALDNUTZUNG

Auf den wilderen Flüssen mussten sich die Flöße sehr flexibel dem Wasserlauf anpassen können, mussten besonders „kurvengängig" sein. Und selbst bei größeren Fließgewässern gab es im Sommer oft Probleme mit der Wasserführung. Man zog alle Register, um auch bachähnliche Verhältnisse auf die von Wasserstraßen zu trimmen. Wasserstuben sorgten für einen schwungvollen Anfang: Wenn ihre Stellfallen geöffnet wurden, war die ganze Manövrierkunst der Flößer gefordert, damit ihr Gefährt möglichst viel von der Flutwelle profitierte. Schon die Vielzahl der Wasserstuben lässt ihre Bedeutung für den Floßverkehr erkennen: zwischen 1750 und 1800 hatte allein die Nagold 43 davon.

▶ Schwarzwaldflößer auf dem Heimweg, Zeichnung um 1895

Je ruhiger das Fahrwasser, desto größer, desto steifer konnten die Flöße sein. Auf ihrem Weg dem Meer zu wurden sie deshalb des Öfteren neu zusammengesetzt, schließlich stiegen mit ihrer Größe die Verdienstmöglichkeiten. Aber es musste ein Ausgleich zwischen dem teuren Hart-, also meist Eichenholz und dem weniger gut bezahlten, aber schwimmfähigen Nadelholz gefunden werden. Besonders gefragt waren die großen Tannen: Sie hielten ebenso das Floß über Wasser wie sie einen hohen Gewinn versprachen.

Die Trift

Vorform der Flößerei ist die Trift. Sie konnte nur einzelne Stämme von geringer Länge (bis 1,70 Meter) oder Scheitholz bewältigen, dafür aber sogar auf kleineren Fließgewässern stattfinden. Nur mussten auch sie für den Transport eingerichtet, vor allem musste ihre Wasserführung verstetigt werden. Teiche speicherten das Nass, im Bedarfsfall wurden sie abgelassen, um den Schwung des Schwalls zu nutzen. Die Trift erzwang ebenfalls Eingriffe in die Bäche selbst: Die Befestigung von Ufern und Sohlen diente einem möglichst reibungslosen Ablauf. Größere Gefälle überwand das Holz mithilfe von Rutschen, wie sie sich etwa im Speyerbach aus dem Pfälzerwald erhalten haben. Dennoch reichte die Wassermenge nicht immer für eine Triftung aus. Und wenn Mühlen am Bach lagen, waren die Konflikte mit deren Betreibern oft vorprogrammiert. Häufig aber gab es keine andere Möglichkeit, das Holz zu verschicken. So lohnte trotz mancher Nachteile, die präparierten Bäche immer wieder aufwendig instandzuhalten.

Im Bild zu sehen ist der Schwarzenbergsche Schwemmkanal im österreichisch-tschechischen Grenzgebiet am Plöckenstein in einer Aufnahme von 1921.

zu den niederländischen Absatzmärkten führte: Nur er ließ Floßgrößen zu, die den höchstmöglichen Gewinn versprachen.

Der (Nord-)Schwarzwald fällt dem Historiker nicht zuletzt deshalb ins Auge, weil er hier auf die ergiebigsten Quellen stößt. Erst Ende des 17. Jahrhunderts beginnt der Holländerholzhandel wirklich, um dann jedoch rasch an Umfang und Stetigkeit zu gewinnen. Und wie generell der kostengünstige Transport den Ausschlag gab, wurden zunächst die Wälder nahe den ohnehin flößbaren Wasserläufen eingeschlagen. (Umgekehrt blieben manche Wälder im Schwarzwald bis ins Eisenbahnzeitalter ungenutzt, jedenfalls was das Stammholz anging.)

Als sich der Handel mit den Niederlanden stabilisierte, lohnte die Floßbarmachung selbst kleinerer Zuflüsse.

Der Holländerholzhandel

Noch heute heißen die hohen Tannen in einigen Gegenden des Schwarzwalds „Holländer". Der Name blieb an ihnen hängen, obwohl längst niemand mehr fürchten muss, dass sie dem Holländerholzhandel zum Opfer fallen.

Die „Holländer" bezogen auch aus anderen Reichsregionen Holz. Anfangs wurden nicht unbeträchtliche Mengen über die – grenznahe – Lippe eingeführt, und selbstverständlich gingen später Eichen aus Hunsrück oder Westerwald in die Niederlande, wo großer Bedarf herrschte. Zum Rhein als Transportweg gab es nie eine Alternative. Nicht nur, dass der Strom direkt

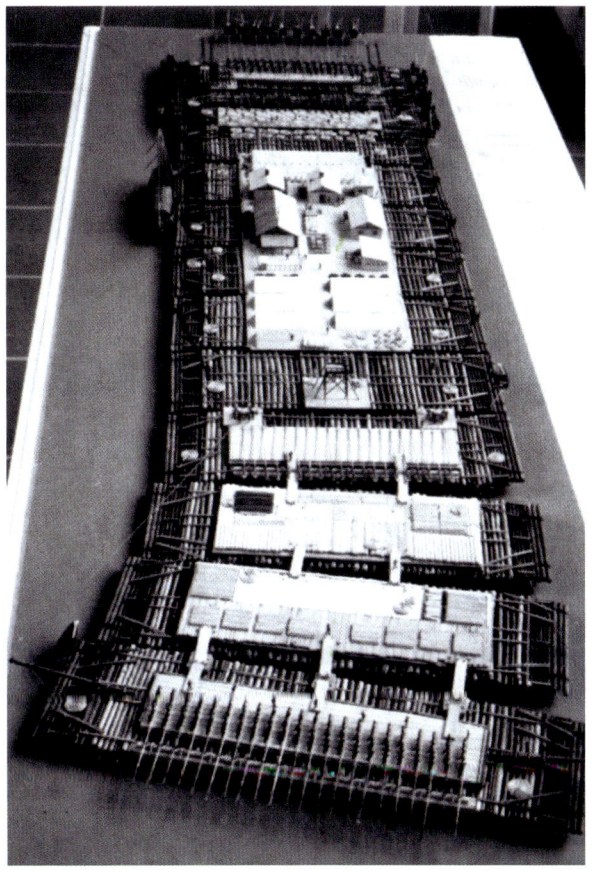

▲ Modell eines Holländerfloßes im Siebengebirgsmuseum, Königswinter. Auch die Verkleinerung lässt die gewaltigen Ausmaße dieser Schwimmkörper erahnen.

Sie lief, wie bereits erwähnt, auf eine Kanalisierung hinaus, die erheblich ins Geld ging und erst einmal vorfinanziert werden musste. Als Kanäle wurden übrigens auch die sogenannten Riesen begriffen. Auf ihnen rutschten die gefällten Stämme den Hang hinunter bis ans Wasser. Diese Riesen bestanden gleichfalls aus Holz. Oft vereisten sie im Winter, dann konnte ihr Transportgut gefährlich an Fahrt aufnehmen. Wenn das Langholz unten angekommen barst, wirkten seine Splitter wie Geschosse.

Bei florierenden Geschäftsbeziehungen mit den Niederlanden bildeten sich im Nordschwarzwald bald einheimische Kompanien, die auf eigene Rechnung für die Erschließung auch entlegenerer Wälder sorgten. Später überließen die Niederländer den Handel ganz den rheinischen Holzhändlern, von denen die kapitalkräftigsten in Frankfurt am Main saßen. Dieser Rückzug barg weiter keine Risiken: Die „Holländer" hatten das Abnahmemonopol, die hierzulande Beteiligten kaum andere Absatzmöglichkeiten.

Auffällig ist die Zurückhaltung des Staates, also im Fall des Nordschwarzwalds der Badener und Württembergischen Landesherren. Sie hätten es in der Hand gehabt, den Holzeinschlag zu kontrollieren, aber sie blieben untätig. Denn an den Wäldern, und das unterschlägt die Flößerromantik geflissentlich, herrschte der ungezügelte Raubbau. Erst im 19. Jahrhundert sollte das oft beschworene Prinzip der Nachhaltigkeit greifen.

Noch einmal: Nur ein enger Zusammenhang von Holz und Wasserweg eröffnete die Aussicht auf guten Ertrag. Es lag demnach im Interesse des Handels, dass dieser Wasserweg so weit wie möglich zurückverlegt, das heißt so nah wie möglich an noch nicht erschlossene Wälder herangeführt wurde. Doch letztendlich setzte der Holländerholzhandel eben auf den Rhein, auf die große Wasserstraße.

▼ Die Aufnahme „Floß auf der Enz" entstand um 1900. Sie belegt trotz des späten Datums eindrucksvoll, wie selbst schmale Wasserläufe flößbar gemacht wurden.

▲ Eine Art Jungfernfahrt unternehmen diese Flößer des Jahres 2008. Erstmals nach gut fünfzig Jahren steuern sie wieder einen Floßverband auf dem Main. Der Verband erreichte die stattliche Länge von 75 Metern.

Letzte Blüte und Niedergang im 19. Jahrhundert

Einen großen letzten Aufschwung nahm die Flößerei im 19. Jahrhundert, viel Holz aus Bayern trug die Donau nach Wien. Die Holzversorgung der städtischen Zentren stieg mit deren Wachstum noch an, und für genügend Holz konnte vorerst nur die Flößerei sorgen. Kein Wunder also, dass die Erlasse etwa in Bayern der Flößerei den Vorrang vor anderen Nutzungen einräumten – oft mussten die Interessen der Müller oder Fischer zurückstehen. Staat und Städten war zuallererst an einer gesicherten Holzversorgung gelegen. Der lebhafteste Floßverkehr auf der Isar spielte sich in den Jahren zwischen 1830 und 1870 ab, etwa zur gleichen Zeit erreichte die Flößerei ihren Höhepunkt im Frankenwald, der nun größtenteils auf bayerischem Territorium lag. Wenn, wie im Schwarzwald, der einzelne Waldbauer seinen Wald verkaufen konnte, dann kam er jetzt wirklich zu Geld.

Die Flößerei wirkte ins Waldbild hinein. Zwar versprachen die Eichen das einträglichste Geschäft, aber nur ein genügend hoher Anteil an Nadelholz ließ ein Floß schwimmen. Einst hatten im Frankenwald die Buchen-Tannengesellschaften vorgeherrscht, jetzt wandelte er sich fast flächendeckend zum Nadelholzforst, in dem überdies die nichteinheimische Fichte rasch an Boden gewann. Noch deutlicher prägt die Beziehung von Wald und Flößerei die Mittelgebirge an der Weser. Vorher reichte sie mit ihren Nebenflüssen nur gerade so an die bodenständigen Nadelhölzer im Thüringer Wald heran, jetzt sprach nicht zuletzt die Flößerei dafür, in Reinhardswald oder Wesergebirge verstärkt Fichten anzubauen.

Die rückläufige Entwicklung zeichnete sich zuerst auf dem Rhein ab. Wohlgemerkt: Bis etwa 1850 war Holz immer noch das mengenmäßig wichtigste Handelsgut, das rheinabwärts fuhr. Und als die ersten Schiffsbrücken entstanden, wurde ihnen die schlechte Manövrierbarkeit der Flöße zum Verhängnis. Zwischen 1836 und 1856 kam es allein an der Koblenzer Schiffsbrücke zu sechs schweren Unglücken.

Der Niedergang vollzog sich nicht überall gleichzeitig und jedenfalls nicht überall mit gleicher Dynamik. Aber auf Dauer war das Floß dem Konkurrenten Eisenbahn nicht gewachsen, womöglich noch stärker setzten ihm die motorisierten Schleppschiffe zu. Heute wird die Flößerei, vor allem in Bayern und in Kärnten, als touristische Attraktion wiederbelebt.

Niederwald und Holznot

Wald oder nicht Wald?

Manchmal stutzt der Blick doch, wenn er auf einen dieser ebenso mächtigen wie unförmigen Exemplare trifft. Besonders auffällige tragen schon einmal Namen wie „Zwölf Apostel", und der unbefangene Betrachter staunt vielleicht über ihre Urwüchsigkeit. Dabei sind gerade diese Bäume Zeugen des Gegenteils, nämlich des Niederwalds, einer früher sehr weitverbreiteten Form der Waldbewirtschaftung.

Beim Niederwald, der Name sagt es, wuchsen die Bäume nicht in den Himmel. Aber ihn zeichnete aus, dass er mehrere Nutzungen ermöglichte. Und überall ging es vorrangig darum, möglichst viel Brenn- oder Kohlholz zu gewinnen, ohne die Vorräte zu erschöpfen. So gesehen wurde auch im Niederwald nachhaltig gewirtschaftet.

Um einen Niederwald zu betreiben, mussten sich oft mehrere Eigentümer zusammenschließen. Denn nur eine genügend große Fläche konnte Stück für Stück, Schlag für Schlag im Jahreswechsel genutzt werden. Dabei variierten die sogenannten Umtriebszeiten stark, meist lagen sie zwischen 15 und vierzig Jahren. Als Sonderform gilt der Schwarzerlen-Niederwald im Spreewald, wo der Umtrieb alle vierzig bis sechzig Jahre stattfand.

Beim Niederwald blieb der einzelne Baum erhalten, er wurde auf Stock gesetzt. Diese Kappung vertrugen die einzelnen Arten mehr oder weniger gut. Obwohl häufig auch Buchen die bizarren Formen durchgewachsener Bäume zeigen, bekam ihnen dieser Zwang zur Selbsterneuerung weniger. Sehr viel besser schlugen sich die beiden Eichenarten, Birke, Hasel oder Hainbuche. Mancherorts wurden die Hainbuchen im Niederwald derart stark gefördert, dass Fachleute noch heute vom Hainbucheneffekt sprechen.

Den Forstleuten des 19. Jahrhunderts müssen Niederwälder ein Dorn im Auge gewesen sein. Bis auf einzelne „Überhälter", die als Bauholz vorgesehen waren und/oder als Mastbäume dienten, stand hier immer nur Buschwerk. Den Niederwäldern wurde zugeschrieben, dass sie den Boden auslaugten und verschlechterten. Neuere Untersuchungen zweifeln daran. Jedenfalls waren Niederwälder lichte Formationen, die folglich auch lichtbedürftige Bäume förderten. Dazu konnten heute seltene Arten gehören, wie etwa die beiden Sorbus-Arten Elsbeere und Speierling oder die Wildobstarten. Auch die Tierwelt, vor allem die Insektenfauna, profitierte vom weitgefächerten Angebot an Lebensräumen, die anfangs Offenland- und später eher Waldcharakter hatten.

Die Stadt, der Wald und das Holz

Unter den vielen Leerstellen zur Waldforschung gibt es oder gab es doch lange Zeit eine besonders auffällige: Wie haben sich eigentlich diejenigen versorgt, die den schwierigsten Zugang zum Holz, aber den höchsten

◀ Fast gespenstisch mutet dieser winterliche, ehemalige Niederwald an.

▲ Das Wappen der Böttcherzunft

Scheue Rarität im Niederwald – das Haselhuhn

Für den Naturforscher Johann Christian Senckenberg gab es keine Veranlassung, dem Haselhuhn (*Bonasa bonasia*) besondere Aufmerksamkeit zu schenken. Damals war dieser Vogel noch häufig und kam den Jägern entsprechend oft vor die Flinte. Kaum 500 Gramm wog er, und war insofern ein Federgewicht, als der größte Teil des knappen Pfunds auf seine Oberbekleidung entfiel. Dennoch galt das delikate Haselhuhn als geschätzte Beute: Die Masse der erlegten Tiere machte das geringe Gewicht des einzelnen wett.

Heute zählt es zu den größten Kostbarkeiten der heimischen Tierwelt, teilt also das Schicksal seiner Raufußhuhn-Verwandten, des Birk- und des Auerwilds. Wer die krasse Abnahme an Brutpaaren bagatellisieren will, führt gewöhnlich seine heimliche Lebensweise ins Feld. Doch die Hoffnung ist gering, dass seine unauffällige Existenz den Rückgang an Brutpaaren dramatischer ausfallen lässt, als er tatsächlich ist. Vielerorts wurde ihm die waldbauliche Praxis zum Verhängnis: Im dicht geschlossenen Hochwald kann ein Haselhuhn nicht überleben. Und so sicher die Niederwälder nicht sein ursprünglicher Lebensraum sind, sagen ihm deren Strukturen so zu, dass es zur Leitart dieser Wirtschaftsform erkoren werden kann. Der Niederwald bietet ihm einerseits genug zuverlässige Deckung, andererseits genügend Nahrung. Als Jungvogel bevorzugt es Insekten, später eine pflanzliche, aber abwechslungsreiche Kost. Es müssen keineswegs immer die Knospen des Haselstrauchs sein.

Überall in Mitteleuropa sind seine Bestände eingebrochen. Für die Schweiz wird die Zahl der Brutpaare mit etwa 8000, für Österreich rund 9000, für Deutschland mit 2000 angegeben. In ganz Nordrhein-Westfalen gibt es etwa zwanzig Haselhuhn-Reviere. Im benachbarten Rheinland-Pfalz führen die Naturschützer ein Vorkommen ins Feld, um den Weiterbau einer Autobahn durch die Eifel zu verhindern. Ob die Auswilderung im Harz Erfolg hat, ist ungewiss. Meist ist der Vogel so rar, dass schon diese Vereinzelung seine Existenz bedroht. Selbst aus dem Schwarzwald ist er inzwischen wohl verschwunden. Das lag nicht zuletzt am hinhaltenden Widerstand der Forstverwaltung, die keine Flächen mit optimalen Verhältnissen für das Haselhuhn anbieten wollte. Die Bemühungen und Auseinandersetzungen um den scheuen Vogel können als Nagelprobe dienen: Wie viel Platz räumt der angewandte naturnahe Waldbau den Lebewesen ein, deren Existenz sich mit dem bestmöglichen Holzertrag nicht von vornherein vereinbaren lässt? Wird ein Tier wie das Haselhuhn wenigstens geduldet, obwohl es auf lichtere Bestände angewiesen ist?

Verbrauch hatten, also die großen oder doch größeren Städte?

Es ist heute nicht einfach, sich wenigstens die Dimensionen des städtischen Holzbedarfs zu vergegenwärtigen. Aber der Blick in den historischen Dachstuhl einer Kirche lässt ahnen, welche Mengen bester Qualität für diese Holzkonstruktion benötigt wurden, selbst bei kleineren Gotteshäusern 300 bis 400 Eichenstämme, bei den Domen leicht das Zwanzigfache. Noch stärker wird das Vorstellungsvermögen beansprucht, wenn es um den mittelalterlichen Alltag geht. Lange prägten Fachwerkhäuser das Bild auch wohlhabender Gemeinwesen, Fachwerkhäuser, deren Holzbauweise mit unschöner Regelmäßigkeit die Einäscherung ganzer Stadtviertel nach sich zog. Und alle, ob Haushalte oder Werkstätten, brauchten Holzkohle oder jedenfalls Brennholz, die

Schmiede für ihre Essen, die Brauer für ihre Sudpfannen. Allerdings stiegen im Winter die Brennholzkosten nicht so stark, wie das unsereiner erwarten würde: Nur ein, bestenfalls zwei Räume wurden überhaupt beheizt. Eher zum Aufwärmen als zur Körperpflege ging es in die Badehäuser – doch auch die verbrauchten natürlich Holz.

Das Handwerk des Küfers oder Böttchers ist heute so gut wie ausgestorben, doch sie stellten die Universalverpackung des Mittelalters her. An Fassdauben herrschte stets gewaltige Nachfrage. Überhaupt Werkholz: Die Wagner etwa bevorzugten für Speichen und Wagengestelle Eiche, Esche oder Ulme; selbst wenn sie nur Reparaturarbeiten ausführten, das Holz musste doch starken Belastungen gewachsen sein. Die Drechsler fertigten die besseren Schüsseln aus Ahorn-, ganz gute aus Walnussholz, wer Armbrüste herstellte, nahm Eibe für den Bogen.

Außerdem brauchten auch Städter einen Wald, um sich mit Honig zu versorgen oder um ihre Schweine zu mästen. Und so statteten die Landesherren ihre Stadtgründungen auch mit eigenem Waldbesitz aus. Wenn die Städte wuchsen, reichte der zur Versorgung oft nicht hin, und die Gemeinwesen mussten sich selbst helfen. Sie taten es auf verschiedene Weise. Wenn, wie im Fall des sauerländischen Brilon, die Bewohner der umliegenden Dörfer hinter Wällen und Graben Schutz suchten, verleibte sich die Stadt deren Allmende ein – und so kann sich Brilon heute noch „waldreichste Stadt Deutschlands" nennen, genauer „größter kommunaler Waldbesitzer". 1372 erwarb Frankfurt am Main von Kaiser Karl IV. den Reichsforst Dreieich, nicht ohne diesen Wald auch noch aus dem Pfandbesitz eines ihrer Bürger lösen zu müssen. Wer über einen guten Triftanschluss verfügte, konnte eigenen Wald auch weiter weg ankaufen. So gehörte der Stadt Augsburg ein Wald bei Reutte/Tirol. Über keinen eigenen Waldbesitz verfügte die Stadt Köln. Aber sie lag am Rhein und bezog ihr Holz seit der Antike aus den großen Waldgebieten rheinaufwärts. Keinen eigenen Wald hatte auch die Freie Reichsstadt Regensburg. Nach ihrem wirtschaftlichen Niedergang haben Bayerns Landesherren immer wieder einmal versucht, die Abhängigkeit der Stadt von auswärtigen Holzlieferungen als Druckmittel zu nutzen. Insgesamt stand außer Frage, wie wichtig der Wald für die Bürger war. Was nicht heißt, dass die Städte ihre Baumbestände stets wie einen Augapfel gehütet hätten. So robust zum Beispiel die Göttinger Ratsherren beim Erwerb neuer Wälder vorgingen, so sehr ließen sie phasenweise deren Nutzung schleifen. Aber es gibt viele mittelalterliche Waldordnungen, die, wenn sie in der Praxis oft auch nicht konsequent befolgt wurden, doch von einem Problembewusstsein zeugen. Und wahrscheinlich haben sogar die ersten landesherrlichen Waldordnungen die städtischen zum Vorbild gehabt.

◀ „Hölzernes Zeitalter": pittoreskes Fachwerkhaus im Schwarzwaldstädtchen Gengenbach (Kinzigtal)

Waldhistorie

Der Siegerländer Hauberg

Der Hauberg stellt eine besondere Form der Niederwaldnutzung dar. 1467 erscheint das Wort erstmals in den Urkunden, aber Hauberge hat es sicher schon länger gegeben. Die Haubergswirtschaft war im Siegerland und im benachbarten Lahn-Dill-Gebiet weitverbreitet; kaum zufällig sind diese Gegenden alte Montanregionen. Hier herrschte ein hoher Bedarf am Energieträger Holz, genauer an Holzkohle, die zum Schmelzen des Eisens dringend gebraucht wurde.

Alle 16 bis zwanzig Jahre wurde im Hauberg der Birken-Eichen-Niederwald genutzt. Für die genügend große Fläche sorgte hier ein genossenschaftlicher Zusammenschluss. Der Hauberg war sein unveräußerliches Gesamteigentum, Anteile konnten vererbt oder verkauft, aber nur als Hauberg bewirtschaftet und nie außerhalb der Körperschaft genutzt werden. Die möglichst gerechte Zuweisung der einzelnen Anteile fand jedes Jahr neu statt und erforderte eine sehr aufwendige Organisation. Das Verfahren zog sich über (die Winter-)Monate hin, bis die Genossen dann ihr Stück Hauberg auf den Stock setzen konnten.

Das geschah auf der jeweils ältesten Teilfläche, dem Schlag. Zunächst wurden die sogenannten Weichhölzer und die meisten Birken möglichst dicht über dem Erdboden abgeschnitten. Eine kurze Schonfrist hatten die Eichen, bei ihnen wurde der Laubaustrieb abgewartet. Dann nämlich enthielt die

▼ Lohe-Ernte: Die abgeschälte Eichenrinde wird anschließend getrocknet. Sie liefert die Lohe, früher das wertvollste Produkt des Haubergs.

▲ Haubergwirtschaft wurde im Siegerland und im anschließenden Lahn-Dill-Gebiet betrieben, sie setzt die gemeinschaftliche Nutzung des Niederwalds voraus. Hier der sommerliche Aspekt mit Rotem Fingerhut am Hauberg von Kreuztal-Fellinghausen.

junge Rinde den höchsten Anteil an Gerbsäure, die eine Tierhaut in der Lohe zu hochwertigem Leder umwandelte. Diese Rinde, vom aufrechten Holz geschält, war das einträglichste Haubergprodukt.

Darüber hinaus wurde der historische Hauberg landwirtschaftlich genutzt. Nach der Lohe-Ernte ging im Kahlschlag die Hainhacke nieder, um die Krautschicht samt durchwurzeltem Erdreich vom Boden abzulösen. Nach dem Trocknen ließ sich vom Soden die Erde abklopfen und die pflanzlichen Reste verbrennen, die Asche kam als Dünger zum Einsatz. Im Juni wurde Buchweizen (kein Getreide, sondern eine Knöterichart) oder im September Winterroggen eingesät. Nach deren Ernte weidete einige Jahre das Vieh im Hauberg, allerdings unter Ausschluss der Ziegen, deren Gefräßigkeit den Gehölzaufwuchs beeinträchtigt hätte.

Zweifellos hat der große Naturforscher Johann Christian Senckenberg (1707–1772) einen Siegerländer Niederwald kurz vor der Ernte gesehen, als er 1736 erstaunt notierte: „Von jungen Eichen gehen oft wohl zwölf aus einer Wurzel und werden alle ziemlich dick." Tatsächlich geht die Eiche während der ersten zwanzig Jahre am stärksten in die Breite, und der Hauberg konnte sich bis dahin zu einem wirklichen Dickicht entwickelt haben. Das bestätigt auch Johann Christian Senckenberg: „Da denn die Birken, Ginster und Eichen sehr dicht wachsen, dass die Wölfe drinnen nisten, item Fuchs und wilde Katzen."

Ein heißes Eisen – Holznot

Zwei Disziplinen, zwei Sichtweisen: Während die Vertreter der Forstgeschichte Beleg auf Beleg für eine fortschreitende Waldverwüstung beibrachten, zweifelten die Umwelthistoriker: Es sei jedenfalls nicht auszuschließen, dass die Landesherren im Zeitalter des Absolutismus und Merkantilismus einen rücksichtslosen Umgang mit dem Wald nur angeprangert hätten, um die Rechte der Untertanen am Wald zu schmälern. (Die Kontroverse ist als Holznotdebatte in die Geschichtswissenschaft eingegangen.)

Würde man jetzt nicht einschreiten, so würde in kurzer Zeit allen unseren Unterthanen ein ... beschwerlicher Mangel an Holz begegnen.

Bayerische Forstordnung, 1568

Die Klagen über Holzmangel sind uralt, dass einem die Augen und Ohren wehe tun, die Acten davon zu lesen.

Vorsteher der Saline Schwäbisch Hall, 1738

Die durchaus heftigen Auseinandersetzungen beziehen sich vor allem auf die Zeit zwischen 1750 und 1850. Der unbefangene Beobachter ist geneigt, den Forsthistorikern recht zu geben. Wer einen Kupfer- oder Stahlstich des 17., des 18. und frühen 19. Jahrhunderts nur ein wenig genauer anschaut, bemerkt kahle Flächen dort, wo zumindest in der heutigen Landschaft kräftige Baumbestände die Kulisse stellen. Und auch die Vielzahl der Warnungen vor zu knappem Holz ist unüberlesbar, sie finden sich in den Quellen seit dem 16. Jahrhundert. Es fällt ebenfalls ins Auge, dass diese Warnungen unter dem Horizont der Aufklärung noch einmal zunehmen: Während die Holzmenge vorher nur nach Angebot und Nachfrage beurteilt wurde, tritt nun der Aspekt der Vorsorge hinzu. Die Warner blicken in eine Zukunft, die nicht mehr gottgegeben, sondern innerhalb bestimmter Grenzen gestaltbar ist.

Nun lassen Prognosen immer Spielraum, mit anderen Worten, sie lassen sich leichter instrumentalisieren. Umso genauer, umso kritischer müssen die Urkunden gelesen werden, in denen von drohender Holznot die Rede ist. Ganz sicher lohnt sich, die Aussagen vorzusortieren: Wer spricht von Holznot, wann und wo wird von Holznot, von welcher Holzsorte wird gesprochen? Holz ist eben nicht gleich Holz. Während an dem einen Mangel herrscht, kann das andere sehr wohl vorhanden sein. Wenn sich etwa bayerische Städte nach 1830 für preisgünstigeres Brennholz starkmachen, geschieht das im Rahmen der Armenfürsorge. Und gewiss hat mancher Stadtobere in diesen ohnehin unruhigen Zeiten gefürchtet, dass Missstände bei der Grundversorgung zu offenem Aufruhr führen könnten.

Um Bauholz ging es, als sich 1766 die Bewohner des südpfälzischen Eußerthals mit bewegten Worten an ihre Obrigkeit wendeten: „Eußerthal ist ein bettel armes ohnvermögliches Örthlein, wird demselben das zum Unterhalt der dasigen geringen bauern hütten nötige Bauholz vors künftige gegen die wohlhergebrachte alte gewohnheit denegiret, so wird nichts anderes übrig sein, als solche dem armen mann zum unterschlupf dienende schlechte Wohnung nach und nach übern Haufen fallen zu lassen."

„Wohlhergebrachte alte gewohnheit": Das ist der Punkt, an dem die Historiker ansetzen. Diese Gewohnheitsrechte der Untertanen stehen quer zum Selbstverständnis des absoluten Herrschers, der unbedingte Gewalt über sein ganzes Territorium beansprucht. Zu seinem Land gehören nicht das abstrakte Holz, sondern die konkreten Wälder. Demnach muss nicht nach den Holzvorräten, sondern den Waldvorräten gefragt werden. Denn der Wald diente der Holzproduktion ebenso wie der dörflichen Landwirtschaft – und er diente als Jagdwald. Diese ganz verschiedenen Nutzungen konnten leicht in heftigen Widerstreit geraten. Je nach Staat schlugen die

Niederwald und Holznot **161**

▲ Um Ulm herum keine Ulmen, geschweige denn ein Wald. Kolorierter Kupferstich von Friedrich Bernhard Werner, um 1740, der an die Holznot im 18. Jahrhundert denken lässt.

Erlöse aus dem Holzverkauf kräftig zu Buche. Im Erzstift Trier etwa machten sie zwischen 1759 und 1792 ein Zehntel der gesamten Einnahmen aus. Bei kleineren Grundherren konnten sie noch höher liegen: Das Kloster Ebrach im Bistum Würzburg bezog daraus um 1800 ein Viertel seiner Gelderträge. Es konnte demnach vorkommen, dass ein Landesherr seine Wälder plünderte, obwohl er eben noch Verordnungen zu deren Schonung erlassen hatte. Hier liegt die geringe Glaubwürdigkeit der Schutzabsichten auf der Hand. Im Extremfall hatte das Geld derart viel Macht über den absoluten Herrscher, dass er sogar sein Allerheiligstes zur Abholzung freigab, nämlich einen Wald, in dem das Rotwild einstand.

Am bequemsten war es natürlich, die Untertanen für Missstände im Wald verantwortlich zu machen. Doch oft geht die Not der Holznot voraus. Auch die ländliche Bevölkerung wusste, dass Überbeanspruchung dem Wald schadet. Aber manchen Dörflern blieb gar nichts anderes übrig, als den Wald übers Zuträgliche hinaus zu nutzen. Sie hätten andernfalls buchstäblich ins Gras beißen müssen, und beim Kampf ums eigene Überleben musste die Einsicht in die Schutzwürdigkeit

Waldhistorie

Der Nürnberger Reichswald – Geschichte mit Höhen und Tiefen

Eine bedeutende Rolle für das Gemeinwesen spielte der Reichswald nicht nur wegen der Bienenhaltung. Um 1620 konnte der Nürnberger Ratschreiber Johannes Müllner als Allgemeinwissen voraussetzen, „dass ohne diese Wäld die Stadt Nürnberg nit hätte können aufkommen, daher in alten Briefen gemeldt wird, dass die Stadt Nürnberg auf diese Wäld gestiftet sei".

Der Nürnberger Reichswald gehörte anfangs wirklich dem König. Wie Nürnberg selbst wurde er von der Pegnitz geteilt, in den größeren Lorenzer

▼ Erhard Etzlaubs Waldplan aus dem Jahr 1516, der Nürnberg inmitten seines Reichswalds zeigt.

Die Zeidlerei

Eine kaum mehr bekannte Waldnutzung ist die Zeidlerei (die Imker hießen früher Zeidler). Rechts abgebildet ist ein Kupferstich aus Nicolaus Jacob, *Die rechte Bienen-Kunst* (Leipzig 1614). Noch bis Ende des Mittelalters wurden vor allem die „Bienennester" im Wald geplündert, auch im Nürnberger Reichswald, fast besser bekannt als „des Heiligen Römischen Reiches Bienengarten".

Die Zeidler lieferten mit dem Bienenwachs den Grundstoff für die besseren Kerzen, sie sorgten für den Honig, das lange Zeit einzige Süßmittel. Daran hatten die Nürnberger starken Bedarf, denn er wurde reichlich ihren bis heute geschätzten Lebkuchen zugesetzt. Bevor es ausgangs des Mittelalters gelang, die Bienenzucht enger an den Menschen zu binden, mussten die Nester, die „Beuten", im Wald geplündert werden.

und den Sebalder Reichswald. (Viel später kam ein Waldgebiet hinzu, das heute Südlicher Reichswald genannt wird.) Zug um Zug erwarb Nürnberg, 1219 zur reichsfreien Stadt erhoben, die Rechte am Wald. 1396 war dieser Prozess für den Lorenzer, 1427 für den Sebalder Reichswald abgeschlossen. Das Jagdrecht allerdings blieb beim Burggrafen. Er und später die Markgrafen von Ansbach-Bayreuth versuchten immer wieder, daraus weitergehende Rechte auf den und im Reichswald abzuleiten.

In die Geschichte ging der Nürnberger Reichswald ein, weil hier 1368 erstmals auf dem Kontinent planmäßig Nadelbäume gesät wurden. Der Patrizier und Ratsherr Peter Stromer hatte diese Pioniertat veranlasst. Stromers Familie war an Unternehmen des Montangewerbes beteiligt, und Peter Stromer dachte voraus: Er wollte sicherstellen, dass seine oder die Werke seiner Nachkommen auch zukünftig nicht an Holzmangel litten. Schon damals zeichnete sich also die Geburt der Nachhaltigkeit aus der Sorge um den Energieträger ab.

Bald galten die Nürnberger als Fachleute für Nadelholzsaaten. Ihre Kenntnisse waren im ganzen Reich gefragt, 1426 forsteten sie den Frankfurter Stadtwald auf. Der Luther-Hasser Johannes Cochläus veröffentlicht 1512 (auf Latein) seine *Kurze Beschreibung Deutschlands*, die Nürnberg als Wiege der Baumaussaatkunst würdigt.

Obwohl die Nadelholzsaat, hauptsächlich Kiefernsaat, Erfolg hatte, bewahrte sie den Reichswald keineswegs vor Übernutzung. Auch dass er schon im 14. und 15. Jahrhundert stadtseitig mit einer Bannmeile geschützt wurde, half ihm auf Dauer nichts, zu vielfältig, zu heftig beanspruchte ihn die Stadtbevölkerung. So brannten zum Beispiel die eingangs erwähnten Zeidler Löcher in massive Bäume, um den Bienen ein Heim zu bieten und dann selbst Wachs und Honig zu ernten. Und um 1700 steigt offenbar der Bedarf an Einstreu noch einmal drastisch. Der Waldboden muss ihn decken, die Baumbestände verarmen weiter.

Ein aufschlussreiches Zwischenspiel bietet die Zeit um 1800. 1791/92 waren die benachbarten Fürstentümer Ansbach-Bayreuth preußisch geworden und wurden vom späteren Staatskanzler Karl-August von Hardenberg verwaltet. Der hatte seine Augen auf den Lorenzer Reichswald geworfen und überlegte, ihn seinem Territorium einzuverleiben. Er unterließ die Besetzung, weil „ein despotisches Ansehen" vermieden werden sollte. Und als der Nürnberger Magistrat eine scharfe Verringerung der Holzentnahme beschloss, um den Reichswald zu schonen, drohte Hardenberg, jeden Nürnberger Förster verhaften zu lassen, der seinen ansbachischen Untertanen ihre Deputate verweigerte. Dabei hatte er auf preußischem Territorium energische Maßnahmen zum Schutz der eigenen, nicht weniger mitgenommenen Wälder getroffen.

Denn auch in Ansbach-Bayreuth war die Holznot ein Thema. Mit ihr musste sich ein junger Beamter besonders auseinandersetzen, weil er als Oberbergmeister das hiesige Berg- und Hüttenwesen dirigierte: Alexander von Humboldt. Humboldts frühe Erfahrungen hingen ihm noch auf seiner großen Forschungsreise nach, die ihn Jahre später nach Südamerika führen sollte:

Unbegreiflich, dass man im heißen, im Winter wasserarmen Amerika so wütig als in Franken abholzt.

ALEXANDER VON HUMBOLDT

Über den sehr schlechten Zustand des Reichswalds konnte es keinen Zweifel geben. In der Stadt bemühten sich reformerische Kräfte zwar gegenzusteuern,

▶ Von Johann Friedrich Hennigs (1838–1899) stammt der „Blick auf die Nürnberger Burg", selbstverständlich auch ein Waldbild.

aber sie wurden nicht nur von den auswärtigen Mächten daran gehindert, sondern auch vom reichsstädtischen Establishment ausgebremst. So blieb alles mehr oder weniger beim Alten. 1806 wurde der Nürnberger Reichswald ein Bayerischer Staatsforst, ohne dass sich die Verhältnisse besserten. Auch jetzt setzten die Verantwortlichen nur auf Kiefern und Fichten. Es kam zu dem, was die Forstleute Insektenkalamität nennen. Unter dem Schädlingsbefall hatten Reviere über den weiten Sandflächen am stärksten zu leiden, ihre schmächtigen, schlecht ernährten Kiefern konnten keinen Widerstand leisten. 1894 fraß der Kiefernspanner ein Drittel Reichswald kahl.

Seit einigen Jahrzehnten werden die Laubhölzer wieder gefördert. Dazu gehörte auch eine so unauffällige Maßnahme wie das Abschussverbot für Eichelhäher, die jetzt auf die ihnen eigene Weise für die Verbreitung der Eichen sorgen. 1980 wurde der Reichswald als Erster in Bayern zum Bannwald erklärt, der unter besonderem Schutz steht. Früher gab es hier etwa so viele Kiefern wie Eichen, nun sollen die Nadelholzforsten zu Mischwaldbeständen umgewandelt werden.

Noch hat die Kiefer unter den Baumarten eindeutig die Oberhand (65 Prozent), die Fichte folgt mit 16 Prozent. Daneben fällt nur noch der Anteil beider Eichenarten ins Gewicht (acht Prozent), insgesamt können lediglich 15 Prozent der Waldbestände als naturnah gelten. Umso spannender ist die Entwicklung: Wohin werden sich diese Wirtschaftswälder entwickeln? Wie wird sich die Buche im Vergleich zur Eiche behaupten? Verglichen mit den Sorgen früherer Zeiten ist das eine schöne Ungewissheit.

hintanstehen. Wenn eine Gemeinde ihren Wald verkaufen konnte, war das nicht selten ihre einzige Verdienstquelle.

Meist ging es ums Brennholz, dessen Fehlen nach 1830 auch in den Städten zum Problem wurde. Die Liberalisierung des Holzmarkts hatte mancherorts die Preise derart in die Höhe getrieben, dass es selbst der städtischen Mittelschicht wehtun konnte. Es kann ganz verschiedene Ursachen haben, wenn Städte überlegen, Holzmagazine für die „unbemittelte Klasse" einzurichten, oder wenn die Betreiber einer Eisenhütte über zu wenig Holz klagen. Vielleicht fährt ein Landesherr nur eine Retourkutsche, wenn er einer widersetzlichen Stadt Brennholz aus seinen Wäldern verweigert, vielleicht hat der Hütteneigner nur die Wälder seiner Umgebung abgeholzt und muss nun den Energieträger mit so hohen Transportkosten von weiter her beziehen, dass er die Rentabilität seines Unternehmens gefährdet sieht. Daraus ergeben sich zweifellos Notlagen, und sie deuten an, wie viele verschiedene Facetten das große Thema Holzmangel haben kann; nur lassen sie eben nicht den Schluss zu, dass grundsätzlich zu wenig Holz vorhanden ist.

Die bisherigen Untersuchungen zur Holznot liefern denn auch ein differenziertes Bild. Die Frage, ob die vielen Holznotdrohungen im 18. Jahrhundert tatsächlich begründet oder ob sie vorgeschoben waren, ist bis heute nicht endgültig entschieden. So lange nicht unbestechliche Quellen vorliegen und ausgewertet sind (wozu etwa Holzrechnungen gehören, die über einen langen Zeitraum fortlaufend ausgestellt wurden), kann stets nach den Interessen eines Verlautbarers gefragt werden. Sicher kommen die farbigeren Zitate von engagierten Gewährsleuten, doch sprechen die stärkeren Worte nicht von vornherein für einen objektiveren Blick. Die Zweifler an einer tatsächlichen Holznot haben viel böses Blut gemacht, und welcher Wissenschaftler lässt sich schon gerne sagen, er habe seine Quellen unkritisch beim Wort genommen. Unterm Strich hat die Holznotdebatte zu einem geschärften Methodenbewusstsein beigetragen.

Übrigens neigt der Autor dieses Buchs eher zu der Auffassung, dass es im 18. Jahrhundert krasse Fälle von Waldverwüstung gegeben haben muss. Er denkt an die schon angeführte Vielzahl von Zeichnungen und Stichen, die ein Schloss, eine Burgruine oder eine kleine Stadt zeigen, alle von schütter bewaldeten oder völlig entwaldeten Höhenzügen umgeben. So sehr kann den Künstlern nicht daran gelegen haben, ihr Objekt im wahrsten Sinne des Wortes freizustellen. Der Soziologe Werner Sombart war sogar überzeugt, dass der Holzmangel unvermeidlich in die wirtschaftliche Katastrophe geführt hätte, wären nicht Steinkohle und Eisen an die Stelle des Holzes getreten.

Holzdiebstahl oder Holzfrevel

Ende Oktober, Anfang November 1842 veröffentlicht die *Rheinische Zeitung* eine Artikelserie „von einem Rheinländer". Der Anonymus unterrichtet die Öffentlichkeit über ein Gesetzesvorhaben des sechsten Rheinischen Landtags, das die „unberechtigte Entnahme" von Holz unter strengere Strafe stellen will.

▲ „Förster stellt arme Familie beim (verbotenen) Brennholzsammeln", anonymer Stich um 1830. Manche Dorfbewohner trieb die nackte Not in den Wald, sie mussten das Holz stehlen, um zu überleben.

Ein unbefangener Leser mag grübeln, worin der Unterschied zwischen Frevel und Diebstahl besteht, doch unter dem Horizont des Rechts wiegt diese Unterscheidung schwer. Während der Frevel mehr oder weniger als Bagatelldelikt geahndet wird, zieht der Diebstahl wesentlich härtere Sanktionen nach sich. Die Gesetzesinitiative richtet sich, wie der anonyme Autor betont, nicht nur gegen die Verharmlosung des Diebstahls als Holzfrevel, sondern auch gegen das Gewohnheitsrecht, „das seiner Natur nach nur das Recht dieser untersten besitzlosen und elementarischen Masse sein kann". Sein Fazit:

Wenn das Gesetz aber eine Handlung, die kaum ein Holzfrevel ist, einen Holzdiebstahl nennt, so lügt das Gesetz, und der Arme wird einer gesetzlichen Lüge geopfert.

KARL MARX

Bleibt nur noch hinzuzufügen, dass der „Rheinländer" später unter seinem Realnamen Karl Marx noch grundsätzlichere Gesellschaftskritik üben sollte.

Wie verschieden sich das Thema Holznot darstellen kann, lässt mancher Vergleich von behördlichen Stellungnahmen und der Kriminalstatistik erkennen. Während die (preußischen) Bezirksregierungen Trier und Koblenz jede Notwendigkeit bestreiten, eine geregelte Versorgung der Bevölkerung mit Holz ins Auge zu fassen, wird der Holzdiebstahl in der Rheinprovinz ein „regelrechtes Massendelikt". Und in der bayerischen Pfalz beruhen 1830 drei Viertel (!) aller Gerichtsverfahren auf Anklagen wegen Holzdiebstahl. Der Winter 1843/44 führt zu diesbezüglichen Ermittlungen gegen jeden fünften Pfälzer. Offenbar lautet das Motto der Justiz: „Furcht bewahrt das Holz."

Der Mangel an Holz gilt als handfester Grund, der alten Heimat für immer den Rücken zu kehren. 1843 stellt der Landrat des Eifel-Kreises Daun resigniert fest, dass „besonders aber das harte Holzdiebstahlgesetz und die

▲ Porträt von Karl Marx (1818–1883), der gegen ein Gesetzesvorhaben des Rheinischen Landtags eintrat, wonach die unberechtigte Entnahme von Holz unter strengere Strafe gestellt werden sollte.

unerbittliche Strenge der benachbarten und einheimischen Forstschutzbeamten ... die Eingesessenen zur Auswanderung nötigten".

Vertreter der Obrigkeit im Wald sind die Förster: Sie werden im 19. Jahrhundert zum Feindbild, leicht haben es diese Beamten nicht. Offenbar beruft sich nicht nur „die unterste besitzlose und elementarische Masse" auf das Gewohnheitsrecht, und falls doch, legt sie es zuweilen großzügig aus. Die Klagen der Förster, beim Einsatz gegen Holz- und Wilddiebe um Leib und Leben fürchten zu müssen, sind nicht nur rhetorischer Natur. Ganze Banden machen sich über das Holz her, einsam gelegene Forsthäuser werden gestürmt.

Vom Wald zum Forst

Die Idee der Nachhaltigkeit

Der Gedanke liegt ja keineswegs so fern, als dass ihn nicht auch ein Hüttenbesitzer fassen könnte, der viel Holz braucht und seinen Waldvorrat schwinden sieht. Schon 1661 heißt es in einem Schreiben aus der Reichenhaller Ratskanzlei ebenso kurz- wie weitsichtig: „Gott hat die Wäldt für den Salzquell erschaffen, auf dass sie ewig wie er kontinuieren mögen. Also solle der Mensch es halten: ehe der alte ausgehet, der junge bereits wieder zum Verhacken herwaxen ist." Und schließlich ließ ebenfalls der Hütten(mit)besitzer Peter Stromer im Nürnberger Reichswald Nadelhölzer säen, um einem künftigen Holzmangel vorzubeugen.

Aber den Begriff der Nachhaltigkeit hat doch erst Hans (Hannß) Carl von Carlowitz (1645–1714) eingeführt. Mit 32 Jahren war er Vizeberghauptmann des Königreichs Sachsen geworden, 1711 Oberberghauptmann, damit gehörte er zu den wichtigsten Staatsdienern Augusts des Starken. Nur folgerichtig war, dass er sein Amt von Freiberg aus versah, dem Verwaltungszentrum eines der bedeutendsten europäischen Montanreviere. Zur Leipziger Ostermesse 1713 erschien seine *Sylvicultura oeconomica*, die im Untertitel eine „naturmäßige Anleitung zur Wilden Baum-Zucht" versprach. Carlowitz zog darin die Summe seiner Erfahrungen. Vermutlich wurde das Interesse für das Buchthema früh geweckt, immerhin war der Vater des Autors Oberforst- und Landjägermeister im (damaligen) Kurfürstentum Sachsen gewesen. Viel spricht dafür, dass Hans Carl schon auf seiner großen Kavalierstour (1665–1670) ein besonderes Auge auf die Baumbestände hatte, jedenfalls schreibt er:

Binnen wenig Jahren ist in Europa mehr Holtz abgetrieben worden, als in etzlichen seculis (Jahrhunderten) erwachsen.

<small>HANS CARL VON CARLOWITZ</small>

Es gehört wenig Fantasie zu der Vorstellung, auf welcher Seite Carlowitz in die Holznotdebatte eingegriffen hätte, zumal er mit einem Anflug von Apokalyptik „die vortrefflichen Männer Lutherus und Philippus Melanchthon" prophezeien lässt, „dass vor dem Jüngsten Tage in der Welt und sonderlich in Teutschland große Mängel sich ereignen würden ... am wilden Holtze". „Deßwegen sollten wir unsere oeconomie also und dahin einrichten, dass wir keinen Mangel daran leiden, und wo es abgetrieben ist, dahin trachten, wie an dessen Stelle junges wieder nachwachsen möge." Sein Aufruf ist zwingend: „Wird derhalben die größte Kunst, Wissenschaft, Fleiß und Einrichtung hiesiger Lande darinnen beruhen, wie eine sothane Conservation [solche Erhaltung] und Anbau des Holtzes anzustellen, dass es eine continuierliche, beständige und nachhaltende Nutzung gebe."

▲ Vater der Nachhaltigkeit: der sächsische Oberberghauptmann Hans Carl von Carlowitz (1645–1714)

◀ So gefährlich-artistisch präsentierte die populäre Zeitschrift *Gartenlaube* ihren Lesern Forstarbeiter in der Partnachklamm (kolorierte Xylografie, um 1873).

▶ „Holzknechtleben in den deutschen Alpen", eine kolorierte Xylografie aus der *Gartenlaube* (um 1880)

◀ Titelblatt der *Sylvicultura oeconomica* des Oberberghauptmanns Hans Carl von Carlowitz

müssen. Oberstes Lernziel dieser Wissenschaften: dem Landesherrn die höchstmöglichen Einkünfte zu sichern. Ihre Professoren geben den Studenten zu dieser Zeit oft dickleibige Bücher an die Hand. Der Mainzer Johann Friedrich von Pfeiffer wählt nicht die gängigen Zusammensetzungen mit -ökonomie oder -wirtschaft, sondern nennt sein Werk *Grundriss der Forstwissenschaft* (1781). 1781 veröffentlicht auch der enorm fleißige Johann Heinrich Jung-Stilling, damals Professor an der „Hohe(n) Kameral-Schule zu Lautern" (Kaiserslautern) seine zweibändige Handreichung, er titelt einstweilen noch bescheiden *Versuch eines Lehrbuchs der Forstwirtschaft*. Übrigens war Jung-Stilling mit dem Wald von Kindesbeinen an vertraut. Sein Großvater war Köhler gewesen, der Knabe hatte bei ihm viel von der „Schwarzen Kunst" abgeschaut. Und hatte schon Wilhelm Gottfried Moser darauf hingewiesen, dass zu viel Wild „den Waldungen nachteilig ist", formuliert Jung-Stilling sehr viel schärfer: „Die erste Hünderniß einer guten Forstwirthschaft ist die übermäßige Hegung des Wildes."

Carlowitz handelt die forstlichen Belange nicht nur nebenbei ab, allerdings spricht er meist vom Holz, das er als Basis der wirtschaftlichen Entwicklung versteht. Ganz folgerichtig stellt er Überlegungen zum Energiesparen an, empfiehlt Torf als Holzersatz und wettert gegen den barocken Bauwurm, „auch insgemein nicht so viel und unnöthige Gebäude [auf]führen, die allzu viel Holtz fressen können".
Von „nachhaltige(r) Wirtschaft mit unseren Wäldern" spricht erst – in seinen zweibändigen Grundsätzen der Forstökonomie (1757) – Wilhelm Gottfried Moser. Doch auch Moser ist „Kameralist": Kameralwissenschaften sind das Studium, das die höchsten Verwaltungsbeamten eines absoluten Fürsten erfolgreich durchlaufen

Forstwirtschaft und -wissenschaft

Es würde keine Ärzte geben, wenn es keine Krankheiten gäbe und keine Forstwissenschaft ohne Holzmangel. Diese Wissenschaft ist nun ein Kind des Mangels, und diese folglich sein gewöhnlicher Begleiter.

JOHANN HEINRICH COTTA

Die wissenschaftliche Betrachtung des Waldes hatte sich bei den Kameralisten angebahnt, zur Wissenschaft gedieh sie um 1800. Aber dann sollte es nur rund drei Jahrzehnte dauern, bis die Forstwirtschaft und die Forstwissenschaft die ganze imposante Spannweite

ihrer Disziplin entwickelt hatte. Sie wuchs aus vielen Wurzeln, und verdankte von vornherein ihre Fragestellungen wie Erkenntnisse immer auch denen, die im Wald tätig waren. Dieser Bezug auf den Gegenstand hat wechselseitige Empfindlichkeiten zwischen Theoretikern und Praktikern nicht verhindert, zumal die Forstleute lange unter dem schlechten, dem Jäger-Image litten. Der Weimarer Gottlob König gehörte zu den Pionieren seines Fachs und ist Autor eines seinerzeit berühmten Buchs über Forstmathematik (1835), das auch nach seinem Tod noch viele Auflagen erlebte. Er gehört damit in die erste Reihe der sogenannten forstlichen Klassiker. Unter dem Horizont der Aufklärung wollten sie auch ihr Fach auf die Basis von Zahlengrößen und Naturgesetzen gründen. Zweifellos standen die Zeichen günstig. Gerade angesichts derangierter Wälder lockte das Versprechen, unter Einsatz von Fachwissen und Fachleuten ließe sich mit Holz ein gutes Stück Geld verdienen, wohlgemerkt ohne seinen Vorrat zu erschöpfen.

Bisher hatte das Brennholz im Brennpunkt des ökonomischen Interesses gestanden, jetzt war es das Nutzholz. Zumindest zeichnete sich ab, dass Stein- und Braunkohle an die Stelle des bewährten Energieträgers treten würden, dass also der Wald vorrangig höherwertige und damit besser bezahlte Qualitäten liefern könne. Wenig später führte der Einsatz von Kunstdünger zu einem Produktivitätssprung in der Landwirtschaft; vom Wald wich der Druck einer agrarischen Nutzung. Geraume Zeit blieb die Forstwissenschaft allerdings das Stiefkind der universitären Ausbildung, von Wilhelm Pfeil, immerhin Direktor der preußischen Höheren Forstlehranstalt Eberswalde, wird berichtet, dass er mit eigener Hand die Unterrichtsräume beheizen musste. Und bei der heutigen Spezialisierung dieser Disziplin lässt sich nur staunen, in wie vielen Sätteln die Gründerväter gerecht sein mussten.

Zunächst stand die – etablierte – Mathematik im Vordergrund der Lehre, die deutlich jüngeren Naturwissenschaften, allen voran natürlich die Botanik, fanden verzögert Eingang ins Fach. Dabei ist die Forstwissenschaft, ungeachtet der Waldliebe, ungeachtet des Konservatismus mancher ihrer Vertreter, ein Kind der Aufklärung. Ins Auge fällt, dass die Anfänge ihrer Erfolgsgeschichte mit der romantischen Waldschwärmerei zusammenfallen.

Auch Johann Heinrich Cotta spricht vom Holz- und nicht vom Waldmangel. Die sicherste Rechtfertigung der Disziplin liegt im drohenden Verschwinden ihres Gegenstands. Ihre ganz eigene Herausforderung liegt in dessen Langlebigkeit. Sie reichte weit über die Lebensarbeitszeit eines Försters hinaus, es ging immer darum, der prinzipiell eher unsicheren Zukunft so viel Sicherheit wie möglich abzugewinnen. Der gute Verkauf von hochwertigem Holz muss umfassend vorausgeplant, das gegenwärtige Handeln handfest begründet werden.

Die Begründer der Forstwissenschaft haben sich redlich bemüht, der Eigenart des Waldes ebenso wie den Ertragserwartungen gerecht zu werden. Es liegt in der Natur der Sache, dass sie nicht immer widerspruchsfrei geurteilt haben. Deshalb konnten sie später als Kronzeuge sowohl für die eine als auch für die gegensätzliche Position bemüht werden. Sie mussten ihr Fach nach zwei Seiten hin verteidigen: sowohl gegen die Verachtung der sturen Praktiker als auch gegen die Herablassung der reinen Theoretiker. Nicht selten haben sie der Wald-Erfahrung einen höheren Rang eingeräumt als dem Buchwissen, die sorgfältige Beobachtung der örtlichen Verhältnisse für wichtiger gehalten als die schematische Anwendung von Leitsätzen.

Der Forstmann ... darf nie vergessen, dass es keine Regel gibt, die überall richtig ist, und dass Ausnahmen eintreten können, wo gerade das, was man im Allgemeinen als Fehler ansieht, sich vollständig rechtfertigt.

Wilhelm Pfeil

Die forstlichen Klassiker

Die „forstlichen Klassiker" haben nicht nur das akademische Fach begründet, sondern auch den großen Ruf, den die deutsche Forstwirtschaft und Forstwissenschaft weit über die Reichsgrenzen hinaus hatte. Von diesen Männern der ersten Stunde soll hier das Triumvirat der prägnantesten Köpfe vorgestellt werden: Johann Heinrich Cotta (1763–1844), Georg Ludwig Hartig (1764–1837) und der allerdings deutlich jüngere Wilhelm Pfeil (1783–1859).

Unter ihnen war Hartig der strengste Pädagoge. Dass er aus einer Forstmeisterfamilie stammte, führen seine Biografen noch wie selbstverständlich an, nicht aber, dass er zwei Jahre an der Universität Gießen Kameralistik hörte. Wie schon angedeutet, galt es unter seinesgleichen oft als nahezu sittenwidrig, sich über das gediegene praktische Waldbauwissen hinaus auch theoretisches Rüstzeug anzueignen. Schon in den Anfangsjahren seiner Tätigkeit gründete Hartig eine „Forstliche Meisterschule", die er als private Lehranstalt bis in seine Stuttgarter Zeit (1807–1811) fortführte. Nachdem 1795 seine *Anweisung zur Taxation der Forsten* den Beifall der Fachwelt gefunden hatte, erschien 1808 erstmals sein *Lehrbuch für Förster*. Dessen Herzstück waren die berühmten acht „General-Regeln". Diese knappste aller Handreichungen fand außerordentlich weite Verbreitung. Zu einer Zeit, da eine Neuorganisation und -orientierung des gesamten Forstwesens anstand, versprachen sie schlichte Zweckmäßigkeit, die der allgemeinen Verunsicherung entgegentrat. Nach Berlin kam Hartig 1811, und im nachnapoleonischen, stark erweiterten Preußen wartete auf ihn eine Herkulesaufgabe. Als Leiter der Staatsforstverwaltung musste er die Waldungen des Königreichs wieder ertüchtigen. Er war monatelang unterwegs, taxierte den Zustand der Baumbestände, verfügte die waldbaulichen Maßnahmen. Dabei dachte er über den Tag hinaus: „Jede weise Forstdirektion muss die Waldungen … zwar so hoch als möglich, aber doch so zu benutzen suchen, dass die Nachkommenschaft

▲ Georg Ludwig Hartig (1764–1837), ein „forstlicher Klassiker"

wenigstens ebenso viel Vorteil daraus ziehen kann, als sich die jetzt lebende Generation zueignet." Aufs Holz bezogen hieß das:

Aus den Waldungen des Staates soll jährlich nicht mehr und nicht weniger Holz genommen werden, als bei guter Bewirtschaftung mit immerwährender Nachhaltigkeit daraus zu beziehen möglich ist.

GEORG LUDWIG HARTIG

Nachhaltig hat sich Hartig auch um die Bildung der Waldverantwortlichen bemüht. Sie hatten bei seinen Visitationen oft niederschmetternd geringen Sachverstand gezeigt. Und auch diesem Missstand wollte er in eigener Person abhelfen: An der Berliner Universität hielt der Oberlandforstmeister Vorlesungen, die er auch nicht einstellte, als Preußen die erst kurz zuvor eingerichtete Forstlehranstalt nach Neustadt-Eberswalde verlegte. Seine Neuerungen hat Hartig gegen viele Widerstände durchgekämpft. Allerdings gingen bei ihm Tatkraft und Beharrlichkeit mit einem gewissen Starrsinn einher. Und schon zu seinen Lebzeiten stießen seine allzu schematischen Anweisungen auf den Widerspruch der Fachkollegen – besonders muss ihn verbittert haben, dass sich sein Schützling Pfeil später gegen ihn wandte.

Vielleicht noch einflussreicher, jedenfalls für künftige Förstergenerationen ist Johann Heinrich Cotta gewesen. Neben Gottlob König steht er für den selten gewürdigten Beitrag der Weimarer Klassik zur Forstwissenschaft. Ins Jahr von Goethes Ankunft in Weimar, dem Jahr der Regierungsübergabe Herzogin Anna Amalias an ihren Sohn Karl August, fällt die Veröffentlichung der vorbildlichen *Fürstl. Sächsischen Forst- und Wald- auch Jagd- und Weidwerksordnung* (1775). Cotta begann seine Laufbahn als Herzoglich Weimarischer Förster, seine Forstschule gründete er in Zillbach (Sachsen-Eisenach, seit 1741 mit Sachsen-Weimar vereint). Doch hätte er im kleinen Herzogtum nie so reüssieren können wie im Königreich Sachsen, wohin er 1811 als Forstrat und Direktor der Sächsischen Forstvermessungsanstalt berufen wurde. Übrigens war er in dieser herausgehobenen Stellung der einzige Bürgerliche unter lauter Blaublütigen. Cotta zog nach Tharandt. Seine Forstschule führte er hier als Forstlehranstalt weiter, 1816 wurde sie zur Akademie aufgewertet. Bis zu seinem Tod sollte er dort als Lehrer tätig sein, und wenn der Ruhm der jungen Disziplin an einer Hochschule festgemacht werden kann, dann war es die Tharandter. Seine Hörer

▼ Holzernte wie einst mit Rückepferd ...

kamen nicht nur aus zahlreichen deutschen Ländern, sondern auch aus Österreich, Spanien und Russland.

Die Wälder bilden sich und bestehen also da am besten, wo es gar keine Menschen und folglich auch keine Forstwissenschaft gibt.

JOHANN HEINRICH COTTA

Für einen, der dem eigenen Berufsbild erst zu gesellschaftlicher Anerkennung verhelfen, der die Unvermeidlichkeit seines keineswegs unumstrittenen Fachs unter Beweis stellen muss, ist das ein origineller Ansatz. Im Unterschied zu Hartig neigte Cotta denn auch nicht zum Schematismus. Er setzte für den Waldbau gemischte Bestände voraus, er empfahl, die standörtlichen Gegebenheiten zu beachten. 1819 veröffentlichte er eine Schrift, deren Titel für einen Tabubruch stand: *Die Verbindung des Feldbaus mit dem Waldbau.* Eben erst mühsam aus dem Wald gedrängt, sollte jetzt eine landwirtschaftliche Nutzung wieder möglich werden. Heftige Angriffe folgten. Die Kritiker wollten nicht wahrhaben, dass Cotta hier die Erfahrungen der Hungerjahre 1816/17 aufarbeitete.

Als akademischer Lehrer hat schließlich auch Wilhelm Pfeil großen Einfluss auf seine Wissenschaft und künftige Förstergenerationen genommen. Zwanzig Jahre jünger als Hartig und Cotta, konnte er schon eine erste Summe aus den Positionen seiner Fachkollegen ziehen und die innerdisziplinäre Diskussion vorantreiben. Er hat diese Möglichkeit in hohem Maß genutzt. Eigentlich sollte Pfeil wie sein Vater Jurist werden. Doch der frühe Tod des Familienoberhaupts zwang ihn zum

▼ … und mit einer computergesteuerten, mobilen Holzerntemaschine jüngeren Datums.

▲ Zwei weitere „forstliche Klassiker": links Johann Heinrich Cotta (1763–1844), wohl der bekannteste unter den Begründern der deutschen Forstwissenschaft, und rechts Wilhelm Pfeil (1783–1859), der Forstwissenschaftler mit den damals meisten Veröffentlichungen

Broterwerb, der Sohn ging bei einem Förster in die Lehre. Danach trat er nicht in den preußischen Staatsdienst, sondern arbeitete bei großen Privatwaldbesitzern. Es traf sich glücklich, dass er hier viele Freiheiten hatte (noch heute sind viele Privatwaldbesitzer besser als ihr Ruf). Die theoretischen Grundlagen seines Tuns musste sich Pfeil allerdings selbst erarbeiten. Innerhalb weniger Jahre war er auf dem Stand seiner Wissenschaft. Wie wenig es ihm an Selbstbewusstsein fehlte, zeigt schon der Titel eines Buchs aus dem Jahr 1816: *Über die Ursachen des schlechten Zustandes der Forsten und die allein möglichen Mittel, ihn zu verbessern. Eine freimütige Untersuchung.*

1821 hatte Pfeil als Autor forstwissenschaftlicher Veröffentlichungen ein solches Profil gewonnen, dass er, der nie einen Hörsaal von innen gesehen hatte, zum Direktor der Preußischen Forstakademie berufen wurde. Er veröffentlichte eine regelrechte Flut an Publikationen, allein in seinen *Kritischen Blättern für Forst- und Jagdwissenschaft* erschienen über 700 eigene Abhandlungen, davon 600 Rezensionen.

Und Pfeil nahm kein Blatt vor den Mund, bald war seine spitze Feder gefürchtet. So lyrisch er sich über die Liebe zum Wald äußern konnte, so derb zauste er seiner Ansicht nach verfehlte Positionen. War es vielleicht die Rache der Geschmähten, dass ausgerechnet einer der großen Nadelwaldverderber, ein Borkenkäfer, seinen Namen erhielt: *Bostrichus pfeilii?*

Einerseits bestand Pfeil darauf, wissenschaftliche Standards einzuhalten, andererseits stellte er das „Beobachten der Natur" über alles „Spekulieren":

Fragt die Bäume wie sie erzogen sein wollen; sie werden euch besser darüber belehren, als die Bücher es tun.

WILHELM PFEIL

Viel hat er zur Kenntnis der Wald-Kiefer beigetragen, die im Brandenburgischen Hauptbaumart war. Immer hat er sich gegen Reinbestände ausgesprochen, vor allem aber unterstrich er, darin noch entschiedener als Cotta und im entschiedenen Gegensatz zu Hartig, „das eiserne Gesetz des Örtlichen". Wie sich Baumbestände entwickeln, hinge ganz entscheidend von den Standortverhältnissen ab. Seinen Lesern und Studenten schärfte er ein, allen Patentrezepten zu misstrauen. Zur erfolgreichen Arbeit im Wald brauche es mehr als allgemeine Direktiven, deshalb müsse ein Förster befähigt werden, selbstständig zu entscheiden.

1830 siedelte die Berliner Forstakademie als Höhere Forstlehranstalt nach Eberswalde über, Pfeil blieb ihr Leiter. Er legte hier den – später erweiterten – Forstbotanischen Garten an, eine Versuchsfläche, um die Bedingungen für das Gedeihen der Baumarten zu erforschen. Auch darin war dieser Forstwissenschaftler seiner Zeit voraus: Er ließ Experimente zu. Den Wald selbst allerdings wollte er davon freihalten: „Ein Forstmann ... ist seiner ganzen Natur nach konservativ ... immer gründet er seine Maßregeln auf dasjenige, was ihm aus der Vergangenheit überliefert worden ist, er misstraut den neuen Theorien und glaubt mehr an die alten Erfahrungen." Auch sonst verstand sich Pfeil als Konservativer. Allerdings war er ein rebellischer, der oft quer zu den Ansichten des politischen Konservatismus stand. Selbst die Einlassungen zum Waldbau sind nicht widerspruchsfrei. Wilhelm Pfeil liefert Zitate, mit denen er ebenso als Wegbereiter einer ökologisch verstandenen Nachhaltigkeit gepriesen wie als Befürworter von Nadelbaummonokulturen gegeißelt werden kann.

Brot- und Preußenbaum – die Fichte

In den letzten Jahrzehnten ist die Fichte zum Feindbild des naturnahen Waldbaus geworden, umso besser, dass dieses Buch ihre Rolle in den natürlichen Waldgesellschaften schon gewürdigt hat. Nun können Sprüche

▼ Weihevolle Stimmung im Fichtenwald

Waldhistorie

Die Bodenreinertragslehre

Während die forstlichen Klassiker noch die ganze Breite ihres Fachs erkundeten, differenzierte die nachfolgende Generation den Kanon aus, ihre Angehörigen spezialisierten sich. Aber bei allen Unterschieden im Einzelnen hatte schon die Begründer der Forstwissenschaft und Forstwirtschaft ein großes Versprechen geeint: das der Planbarkeit. Diese schloss ein, dass die zukünftige Holzernte rationell geschehen musste. Nicht zufällig kommt früh der Begriff Waldbau auf. Hinter dieser Analogie zu Ackerbau steht die Vorstellung, den Wald wie das Feld zu bestellen, also säen (oder pflanzen), wachsen lassen und pflegen, dann – auf einen Schlag – ernten. Dies führt folgerichtig zum Altersklassenwald, dem der Neckzettel Holzacker nicht ganz zu Unrecht anhängt. Was die Ernte betrifft, muss der Forstmann bekanntlich länger warten als der Landmann, aber zum Versprechen der Planbarkeit gehört auch, dass die Zukunft als zukünftige Holzernte nicht allzu fern liegen darf.

Es traf sich, dass die herrschende ökonomische Lehre das ebenso sah: Die zweite Hälfte des 19. Jahrhunderts stand im Zeichen des Wirtschaftsliberalismus. Am entschiedensten stellt die Bodenreinertragslehre auf die Gewinnerwartungen an den Wald ab. Sie wurde nirgendwo anders als in Tharandt entwickelt. Die Forstleute verdanken Max Preßler (1815–1886) den höchst nützlichen Zuwachsbohrer, sonst wirkte er als „Professor des land- und forstwirtschaftlichen Ingenieurwesens und der Mathematik" an der dortigen Akademie. 1858 erschien die erste Auflage seines Buchs *Der rationelle Waldwirt und sein Waldbau des höchsten Ertrags*. Mit dem Ertrag war natürlich der Holzertrag gemeint. Als Basis galt die „maximale Verzinsung des Bodenkapitals". Daraus folgte nicht nur das Primat des Altersklassenwalds, sondern auch das Gebot einförmiger Bestände und ihrer Ernte im Kahlschlag.

Der alte Pfeil reagierte beim Erscheinen des Buchs alarmiert. Er sah das Prinzip der Nachhaltigkeit gefährdet, falls diese Theorie die forstliche Praxis bestimmen sollte. Aber selbst der Einspruch dieser Autorität hat ihren Siegeszug nicht aufhalten

▶ Waldarbeiter um 1910

Waldhistorie 179

können. Ihre Vertreter gelangten auf die forstlichen Lehrstühle, ab 1867 wurde sie für die Bewirtschaftung der sächsischen Wälder verbindlich.

Die Bodenreinertragslehre errechnete die höchsten Überschüsse für die kürzesten Umtriebszeiten. Das sprach entschieden für das Nadelholz. Die Buche hingegen galt als „fressendes Kapital". Max Endres, ein späterer Vertreter dieser Lehre, bezeichnete sie rundweg als „verlorene Holzart". Für ihre natürlichen Standorte wurde der Anbau von Fichten empfohlen, für die Standorte der Eiche die Pflanzung von Kiefern. Allerdings wurde die Bodenreinertragslehre außerhalb Sachsens nie Staatswalddoktrin, auch wurde dann mit der Waldreinertragslehre eine Gegentheorie entwickelt, die auf lange Umtriebszeiten und hohe Holzvorräte setzte. Noch heute wird die Bodenreinertragslehre für die „Verfichtung" der Landschaften verantwortlich gemacht.

wie „Willst du deinen Wald vernichten, pflanze Fichten, nichts als Fichten" (Volksmund, Verfasser unbekannt) beim Blick in die Düsternis eines Fichtenforsts durchaus ihre Bestätigung finden, aber darum soll es zunächst einmal nicht gehen.

Viel interessanter ist die Frage, welche Umstände den Siegeszug der Fichte ermöglicht haben, warum der Baum im 19. Jahrhundert zum Favoriten der produktionsorientierten Forstleute wurde. Der Bodenreinertragslehre allein kann ihre zügige Verbreitung kaum zur Last gelegt werden. Waldbau hängt immer auch an den waldbaulichen Praktikern, die sich mit den realen Gegebenheiten auseinanderzusetzen haben.

Noch heute findet sich in den linksrheinischen Mittelgebirgswäldern hier und da eine Fichte, die schon unter Napoleon gepflanzt wurde. Mancherorts blieb der Name „Preußenbaum" lebendig, eben weil er hier nach 1815 angepflanzt wurde, als viele Landstriche des westlichen Deutschlands „preußisch" wurden. Und manche Geschichte erzählt vom Unwillen der einheimischen Bevölkerung, das Nadelholz anzubauen. Beispielsweise sollen Landleute die ihnen zugeteilten Samenkontingente in den Backofen gesteckt und so deren Keimfähigkeit zunichtegemacht haben. Nur lehrt der Augenschein, dass solch subversiver Ungehorsam jedenfalls auf Dauer nichts genützt hat. Noch immer beherrscht die Fichte vielerorts das Waldbild, beherrscht es in einem Ausmaß und mit so roher Gewalt, dass empfindlicheren Betrachtern der Atem stockt. Für solche Präsenz muss es mehr als einen Grund geben.

Der wichtigste ist ihr rasches Wachstum: Es braucht keinen virtuosen Umgang mit mathematischen Formeln, um auszurechnen, dass eine kurze Umtriebszeit höhere Erträge verspricht – Fichten können nach sechzig, siebzig Jahren geerntet werden. Entschieden für den Baum sprach auch seine relative Anspruchslosigkeit. Sogar auf schlechteren Standorten brachte er vergleichsweise hohe Zuwächse. Im Großen und Ganzen kam die Fichte auf den Kahlschlagflächen am besten vorwärts, ebenfalls an Standorten, die vorausgegangene Waldbausünden stark in Mitleidenschaft gezogen hatten. Und zumindest die forstwirtschaftsnahen Quellen wissen des Öfteren zu berichten, wie kläglich Pflanzversuche mit Laubbäumen scheiterten. Demnach sprachen für die Fichte einfach die höheren Anwuchserfolge, wohl auch die höhere Verfügbarkeit von Saatgut und Pflanzen. Hinzu kommt, dass ihre jungen Bäume deutlich seltener verbissen werden, und nicht zuletzt empfahl sie sich im weiteren Verlauf ihres Wachstums durch Pflegeleichtigkeit.

Die Industrialisierung führte zu einer wachsenden Nachfrage nach Fichtenholz, hier gab das günstige Verhältnis von Gewicht (relativ gering) und statischer Belastbarkeit (relativ hoch) den Ausschlag. Niemand wird exakt beziffern können, wie viel Festmeter Fichte die Kohlebergwerke des Ruhrgebiets aufgenommen haben, aber das Bild vom unterirdischen Wald trifft sicher auch in dieser Hinsicht zu. Dagegen gerieten die Laubbäume ins Hintertreffen. Bald hatte das Buchenholz als Energieträger ausgedient, die Eichen-Niederwälder litten mittelbar unter den Fortschritten der chemischen Industrie: Synthetische Substanzen ersetzten jetzt die Gerbstoffe der Eichenrinde, der die Bewirtschafter von Niederwäldern zuvor oft die höchsten Erlöse verdankt hatten.

Unterm Strich sah ein ökonomisch denkender Waldbesitzer kaum eine andere Möglichkeit, als die Fichte anzubauen. Das Etikett „Brotbaum" zieht selbst heute: Viele Privatwaldbesitzer pflanzten auch nach dem Orkan Kyrill (2007) wieder Fichte. Umso weniger erstaunt, dass Fichtenforste in der Vergangenheit sozusagen auf Teufel komm raus begründet wurden. Dabei setzte der exzessive Anbau oft erst um 1900 ein, einen Aufschwung nahm er noch einmal nach dem Zweiten Weltkrieg.

Die Nachteile der Monokulturen zeigten sich erst später. Abgesehen davon, dass der Nadelbaum auch dort angepflanzt wurde, wo er absolut nicht fortkommen konnte, sucht ihn häufig die Rotfäule heim. Wenn sie von einem Pilz namens Wurzelschwamm hervorgerufen wird, kann sie das Stammholz bis in zwölf Meter Höhe zerstören. Und sie zerstört es von innen, sodass

▼ Reizvolle Grafik: Oben die Fraßgänge des Buchdruckers, unten die Kinderstuben. Der Buchdrucker ist die Borkenkäferart, die in den Nadelbaumbeständen hierzulande den größten Schaden anrichtet.

erst die Motorsäge über das ganze Ausmaß der Schäden aufklärt.

Prominentester Fichtenfeind ist der Borkenkäfer. Diese Einzahl fördert zwar die Dämonisierung, wird aber dem zoologischen Tatbestand nicht gerecht. Die Borkenkäfer, eine Unterfamilie der Rüsselkäfer, sind allein in Europa mit 154 Arten vertreten. Und auch sie tragen ihren Teil bei, den Stoffkreislauf des Waldes in Gang zu halten. Den lebenden Fichten wirklich gefährlich aber werden zwei Spezies, die ihre Namen dem grafischen Gewerbe verdanken: der fünf Millimeter große Buchdrucker (Ips typographus) und der halb so große Kupferstecher (Pityogenes chalcographus).

Die beiden Insekten sitzen denen im Nacken, die nach einer Sturmkatastrophe entwurzelte Bestände aufarbeiten müssen. Das flach ausstreichende Wurzelwerk der Fichte setzt dem Winddruck weniger Widerstand entgegen. Falls dann noch ein zeitlich und mengenmäßig ergiebiger Regen vorausgegangen, der Boden also durchweicht ist, verliert die Fichte zusätzlich an Standfestigkeit. Und da die letzten Orkane im Winter tobten, hatte die immergrüne Konifere besonders schlechte Karten: Sie bot eine größere Angriffsfläche als die kahlen Laubbäume. Das führt mit einer gewissen Zwangsläufigkeit zu der Frage, ob die Fichte nicht einfach in (noch) jüngeren Jahren geerntet werden könne: Weniger hoch aufgeschossen, wäre auch die Hebelwirkung beim einzelnen Baum nicht so gewaltig.

Und wenn selbst die Katastrophen nicht von ihrem Anbau abhalten, muss das Argument geradezu spitzfindig erscheinen, die – ohnehin schwer zersetzbare – Nadelstreu sorge für die Versauerung der Böden. Erstaunlich oft bleibt die Fichte auch weiterhin der Baum der Wahl. Was bei ihr den Ausschlag gibt, hat ein zeitgenössischer Waldbauer aus dem Sauerland unübertrefflich prägnant ausgedrückt: „Die Fichte, die kann man in den Boden hacken und fertig."

So ernten die Gegner des Fichtenanbaus oft nur ein Achselzucken, wenn sie das Nadelgehölz als Hauptgeschädigten des Klimawandels darstellen. Ökologen sollten im Auge behalten, dass sein Siegeszug nicht von ungefähr kommt, dass sich die Fichte vielfach bewährt hat. Und es ist zumindest taktisch ungeschickt, den Baum, womöglich mit triumphaler Geste, als erstes Opfer des Klimawandels herauszustellen. In den vielen Einzelfällen bleibt nur, immer wieder die ganze Breite der Gründe zu bemühen, die gegen Fichtenmonokulturen sprechen.

Vorkämpfer für den naturnahen Waldbau

Noch lebt die seit Jahrhunderten mit dem deutschen Gemüte so innig verwachsene Liebe zum Walde; sie wird wohl nie verloren gehen, so lange wir denselben nicht seines natürlichen Zaubers und seiner Mannigfaltigkeit entkleiden.

KARL GAYER

Es gehört zu den Eigenarten der Forstgeschichte, dass sich die Epochen langsamer umschlagen. Das gilt wohlgemerkt nicht für jedes ihrer Elemente, und für den Einsatz der Technik im Wald schon gar nicht, aber es gilt für die Waldbilder. Mit den Bemerkungen zur Fichte sind wir in der Gegenwart angekommen. Noch zügiger führt allerdings das Stichwort naturnaher Waldbau auf die Höhe der Zeitgenossenschaft. Seine Präsenz jedenfalls in den Verlautbarungen gibt Gelegenheit, an jene zu erinnern, die ähnliche Ideen schon früher vertreten haben.

Sicher ließen sich einschlägige Zitate der forstlichen Klassiker anführen, etwa von Gottlob König, dem die Ästhetik des Waldes ebenso wichtig war wie dessen Rentabilität. Doch fällt ins Auge, dass es etliche Jahrzehnte dauern sollte, bis sich Vertreter des naturnahen Waldbaus Gehör verschaffen konnten. Der erste ist Karl Gayer (1822–1907). Als Forstgehilfe und „einfacher" Förster begann er, auf den Lehrstuhl für forstliche Produktionslehre an der Münchener Ludwig-Maximilians-Universität wurde er berufen, nachdem ihm ein Ehrendoktor der staatswissenschaftlichen Fakultät den Weg auch zu den höchsten akademischen Weihen geebnet hatte. Am bekanntesten wurden seine Schriften *Der Waldbau* (1880) und *Der gemischte Wald* (1886). Schon das „gemischte" musste den Anhängern der herrschenden Bodenreinertragslehre sauer aufstoßen, konnte es doch ihrer Meinung nach rentable Wälder nur als uniforme Altersklassenforste geben. Aus seiner Grundüberzeugung „Die Schablone ist nirgends mehr vom Übel als hier", will sagen im Wald, hat er als *Waldbauliches Bekenntnis* (1891) sechs bündige Forderungen abgeleitet. Selbst hier formuliert Gayer behutsam, spricht nur von „Beschränkung der reinen Nadelholzbestände", nur von „möglichste(r) Herbeiführung jener Verhältnisse, unter denen Naturverjüngung erfolgen kann". Solche Vorsicht lässt ahnen, wie dominant die Ertragsmaximalisten auftraten.

Ebenfalls in die Zukunft voraus weist der Eberswalder Professor Alfred Möller (1860–1922). Fast vierzig Jahre jünger als Gayer, spricht er nicht mehr vom gemischten, sondern vom „Dauerwald". Damit trifft er die wesentliche Unterscheidung zwischen Acker- und Waldbau, aus ihr folgt eine scharfe Kehre gegen die Kahlschlagpraxis. Möllers Buch *Der Dauerwaldgedanke. Sein Sinn und seine Bedeutung* (1922) fasst die Positionen des Autors noch einmal zusammen. Bei Fragen nach der Anwendbarkeit seiner Ideen verwies Möller auf den Bärenthorener Forst des Kammerherrn Friedrich von Kalitsch. Hier wurde der Dauerwaldgedanke mit Erfolg praktiziert.

Nie wieder hat eine „Wald-Theorie" ein so heftiges, publizistisch hoch ergiebiges Für und Wider ausgelöst. Die Kritiker stießen sich zunächst an der Wortwahl. Möller sprach vom Wald als „Organismus":

So mannigfach ist das Waldwesen zusammengesetzt, jedes Glied aber hat seine bestimmte Stelle und Bedeutung, und alle stehen zueinander in den mannigfachsten uns nur zum Teil erkennbaren Beziehungen.

ALFRED MÖLLER

Das ging selbst manchem Sympathisanten entschieden zu weit: „Der Zusammenhang der Teile ist viel loser und nicht untrennbar, die gegenseitige Abhängigkeit wohl vorhanden, aber lange nicht so stark und so unbedingt wie beim Organismus." So Möllers Eberswalder Kollege Alfred Dengler, dessen Standardwerk *Waldbau auf ökologischer Grundlage* sich als Titel bis heute auf dem

Markt hält, selbstverständlich vielfach überarbeitet. Aber ein Organismus verträgt sich kaum mit dem rechnerischen Prinzip, und die Forstmathematik bleibt die Säule eines soliden Ertragsdenkens.

1935 brach der Amerikaner Aldo Leopold (1887–1948) in die Heimat der Vorfahren auf. Seine akademischen Lehrer an der Yale Universität in New Haven hatten beinahe mit Ehrfurcht von der deutschen Forstwissenschaft gesprochen, jetzt wollte Leopold, Begründer der Wildtier-Biologie, die Praxis des Dauerwaldgedankens vor Ort studieren. Was er sah, widersprach seinen Erwartungen krass. Aus der Politik übernahm er die Wendung „The German Problem": Das deutsche Problem im Wald sei das fatale Zusammentreffen von Holzäckern und Schalenwildüberhang. Letzterer gab Anlass zu seiner Veröffentlichung *Deer and Dauerwald*. Aber Leopold sah ebenfalls Reviere jenseits des Mainstream, wo nach ökologischen Prinzipien gewirtschaftet wurde.

▼ Der naturnahe Waldbau schuf eine neue Sichtweise auf das Ökosystem Wald: Baumkronen in einem Mischwald.

Überhaupt hatte die Idee vom Dauerwald ihre Anhänger. Mancher Staatsforst übernahm sie, mochten die Verwaltungsspitzen auch hinhaltenden Widerstand leisten.

Einige Befürworter setzten besondere Hoffnungen auf die Völkischen. Zu ihnen gehörte auch Walter von Keudell (1884–1973). Schon in der Weimarer Republik alles andere als eine Zierde der Demokratie, stieg er auf in der Hierarchie des Dritten Reiches, hatte aber nur drei Jahre das Amt eines Generalforstmeisters inne, 1937 besetzte der Reichsforstmeister Hermann Göring, ein notorischer Trophäenjäger und Wisent-Liebhaber, den Posten anders.

Nicht ohne hämischen Seitenblick auf die gegenwärtige Naturschutzbewegung wurde zuweilen verbreitet, die braune Rotte hätte den Schutz der deutschen Wälder so ernsthaft wie keine andere Regierung betrieben. Diese Ansicht nimmt Ideologie für bare Münze, Verlautbarungen und Praxis gingen damals weit auseinander. Erst die Kriegsvorbereitungen und dann der Krieg selbst setzten den Wäldern in einer Weise zu, die dem Gebot der Nachhaltigkeit Hohn sprach.

Waldwendezeit

Neue Hoffnung für den Lebensraum

Auch nach dem Zweiten Weltkrieg lief der Einsatz für einen naturgemäßen Waldbau ins Leere, selbst unter dem Horizont des Wirtschaftswunders schritt die „Verfichtung" weiter fort. Das musste unter anderen Wilhelm Münker (1874–1970) erfahren. 1947 Mitbegründer der „Schutzgemeinschaft deutscher Wald", ließ er als Herausgeber unter dem Titel *Dem Mischwald gehört die Zukunft* viele Forstleute zu Wort kommen, denen die Fichten-„Stangenfabriken" (Münker) ebenfalls ein Dorn im Auge waren. Aber solche Aufrufe blieben vorerst ohne Echo. Selbst die Gründung der „Arbeitsgemeinschaft Naturgemäße Waldwirtschaft" (ANW) 1950 fand kaum Aufmerksamkeit. Wer sich gegen den Kahlschlag, gegen den uniformen Altersklassen-, wer sich für den Mischwald, den stammweisen Hieb, das sogenannte Plentern, oder gar „waldverträgliche Schalenwilddichten" aussprach, hielt eine ehrenwerte, aber eine Außenseiterposition.

Hinzu kam: 1955 war das Jahr des real höchsten Holzpreises, der Wald brachte Profite, so wie er war. Noch mehr Profit versprach die Rationalisierung. Das (Kahl-)Schlagwort vom „maschinengerechten Wald" ging um. Die ersten Vollernter (Harvester) kamen aus Skandinavien, wirklich effizient konnten sie nur im Altersklassenwald arbeiten. Kosten sparte auch die „chemische Läuterung". Was bisher von Menschenhand besorgt worden war, erledigten nun die „Pflanzenschutzmittel". Baumgifte (Arborizide) wie das hochagressive Tormona 100 wurden auf die Rinde gepinselt und ließen das Schwachholz eingehen.

◄ Dieses interessante Schnittstellen-Ensemble gehört zu einem Brenn- oder Industrieholzstapel.

▼ Quadratisch, praktisch, gut? Wald-Muster bei Linthe in Brandenburg.

Doch schon das Europäische Naturschutzjahr 1970 bedeutete einen gewissen Einschnitt, Baden-Württemberg wies damals mehrere neue „Bannwälder" aus. Während des folgenden Jahrzehnts wurde der Bewusstseinswandel immer deutlicher. Naturwaldreservate oder -zellen folgten in mehreren Bundesländern, hier sollte alle Bewirtschaftung ruhen, um den natürlichen Waldbildern wieder Raum zu geben. Auch in Österreich (mit Schwerpunkt Tirol) gibt es Naturwaldzellen, in der Schweiz die meist flächengrößeren Naturwaldreservate und ein ehrgeiziges Programm, die Zahl geschützter Waldgebiete zügig zu steigern.

Das gestiegene Umweltbewusstsein, der Generationswechsel, aber wohl auch das berüchtigte Schlagwort vom „Waldsterben" öffneten den Vertretern des naturnahen Waldbaus ziemlich plötzlich Karrierechancen in den Forstverwaltungen. Manche ANWler rieben sich die Augen. Sie waren so ans Belächeltwerden gewöhnt, dass sie nicht wussten, wie ihnen geschah. Mit einem schönen Bonmot jener Jahre verglichen sie sich mit den Zeugen Jehovas, die ihr Bekenntnis plötzlich zur Staatsreligion erhoben sahen. Damit einher ging zu Beginn der 1980er-Jahre Ungeheuerliches, jedenfalls aus heutiger Perspektive: Die Forstverwaltungen wurden personell erweitert. Landesanstalten entstanden oder wurden belebt, sie sollten nicht nur den Waldbesitzern mit Rat und Tat zur Seite stehen, sondern auch die Waldforschung vorantreiben.

Deutschlandweit stimmten die Bundesländer nunmehr darin überein, dass der Kahlschlag nicht mehr praktiziert werden sollte, Leitbild war der gestufte Mischwald, ein Begriff, der gewisse Spielräume ließ. Und mochten die hehren Absichtserklärungen auch draußen im Wald keineswegs immer (oder wenn nur kaum merklich) umgesetzt werden, Fortschritte ließen sich nicht leugnen. Und als die neuen Bundesländer ihre Forstverwaltungen neu aufbauen mussten, wurden die Prinzipien eines naturnahen Waldbaus oder einer naturgemäßen Waldwirtschaft fast wie selbstverständlich übernommen.

Dieser Entwicklung voraus war die Schweiz. Vor allem Hans Leibundgut (1909–1993), seit 1940 Professor für Waldbau an der ETH Zürich, förderte und forderte einen naturnäheren Umgang mit den Baumbeständen. Sein berühmtes Diktum vom „raffinierten Faulenzen" wollte unterstreichen, dass den natürlichen Prozessen im Wald wieder mehr Raum gegeben werden sollte. Leibundgut verdankte seine Erkenntnisse wesentlich der Urwaldforschung, zu deren Pionieren er gehörte.

Waldsterben – Waldschäden – Waldzustand

Ab Mitte der 1970er-Jahre fand der bejammernswerte Zustand vieler Baumbestände ein öffentliches Echo, das zugkräftige Schlagwort folgte wenig später: Waldsterben.

Entgegen dem stets berechtigten Verdacht ist der Begriff „Waldsterben" keine Erfindung der Medien. Er kam aus der Wissenschaft. Sie zeichnete 1979 auch für das erste Katastrophenszenario verantwortlich. Und nicht nur Forstwissenschaftler, sondern auch Forstpraktiker ließen damals die Alarmglocken schrillen. Als die Journalisten aufmerkten, herrschte an Interviewpartnern kein Mangel. Im November 1981 erschien die Titelgeschichte des Spiegel: „Der Wald stirbt". Die dreiteilige Serie warnte vor einer „weltweiten Umweltkatastrophe von unvorstellbarem Ausmaß". 1983 schrieb das gleiche Blatt vom „ökologischen Hiroshima" und vom „ökologischen Holocaust". Die meistgebrauchte Transparentformel jener Jahre formulierte noch eingängiger:

Erst stirbt der Wald,
dann stirbt der Mensch.

VOLKSMUND

....

▶ Der brandrote Rahmen passt diesmal besonders gut: *Spiegel*-Titel Mitte November 1981: „Der Wald stirbt – Saurer Regen über Deutschland".

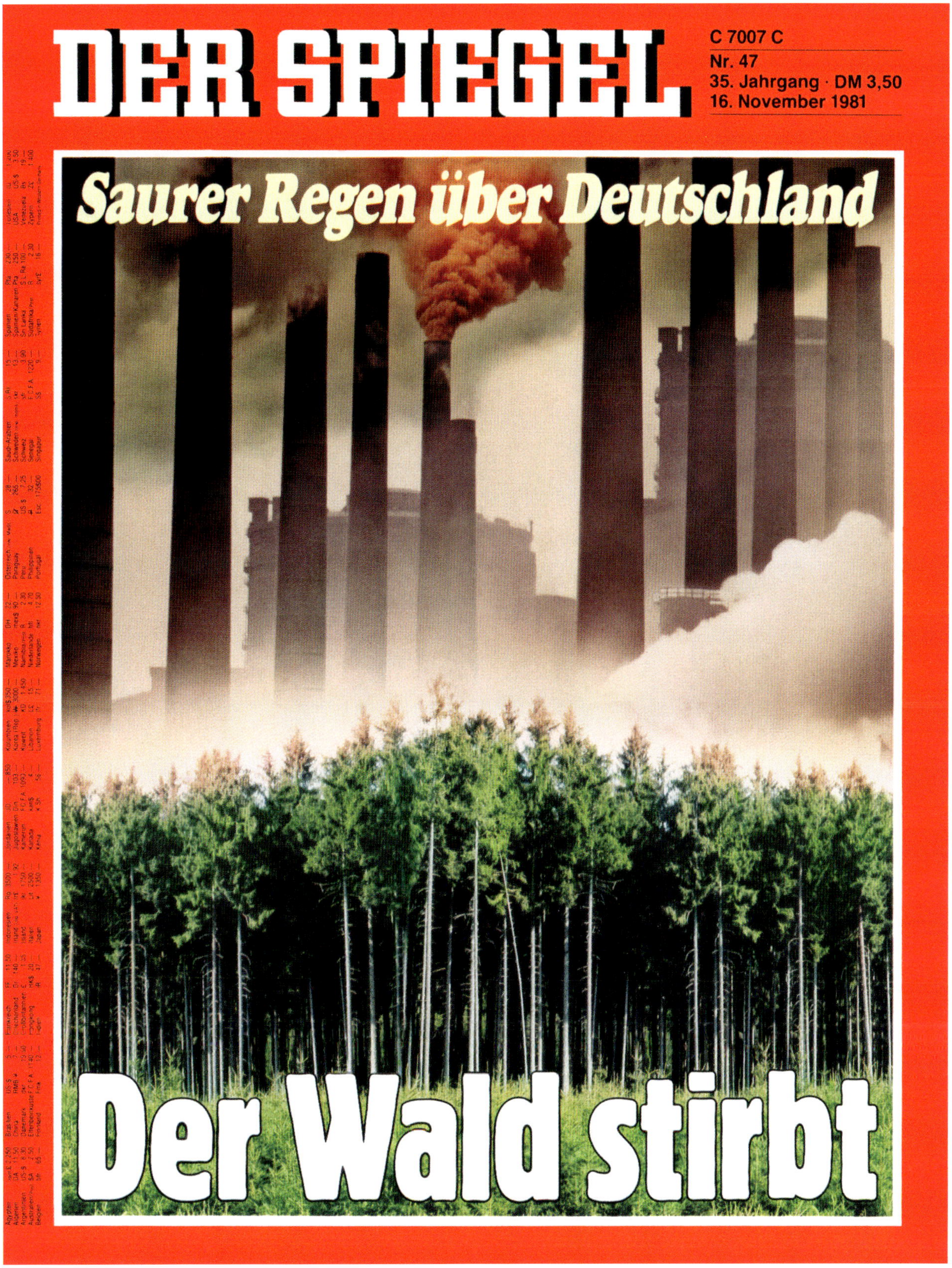
DER SPIEGEL
C 7007 C
Nr. 47
35. Jahrgang · DM 3,50
16. November 1981
Saurer Regen über Deutschland
Der Wald stirbt

Nachdem sich der Pulverdampf parlamentarischer Auseinandersetzungen schon geraume Zeit verzogen hat, lässt sich sagen, dass die Politik bemerkenswert schnell reagierte. Zwischen 1982 und 1992 wurden 465 Millionen DM ausgegeben, um die neuen Waldschäden zu erforschen. Den vielen Geförderten entsprachen die zahlreichen Ursachenannahmen, schwedische Forscher zählten 1986 stolze 167 Theorien zum Waldsterben. Rasch konzentrierten sich die Erklärungsversuche auf den Faktor Luftverschmutzung. „Rauchschäden" waren immerhin die historisch vertrauteste Erscheinung, und auch für eine „Politik der hohen Schornsteine" als

(untaugliches) Mittel der Schadensbegrenzung konnten ehrwürdige Beispiele angeführt werden. Unter den Verursachern wurde der „Saure Regen" favorisiert, neben dem Schwefeldioxid (SO_2) galten auch die Stickoxide als Hauptschuldige.

Wiederum konnten sich die Erfolge bei den Gegenmaßnahmen sehen lassen: 1990 stießen die Kraftwerke siebzig Prozent Schwefeldioxid weniger aus als ein Jahrzehnt zuvor. Im September 1984 beschloss das Bundeskabinett die Einführung eines Katalysators, um die Autoabgase vor allem von Stickoxiden zu reinigen. Weitergehende Forderungen wie Tempolimit, Abgabe auf Schwefeldioxidausstoß und strengere Grenzwerte blieben seitens der Politik allerdings unberücksichtigt. 1984 erschien der erste Waldschadensbericht der Bundesregierung. Doch nur wenige Jahre später ließ das Interesse am Gesundheitsstatus des Waldes nach. Indiz dafür ist unter anderem eine geänderte Sprachregelung: Seit 1989 hieß der einschlägige Rapport der deutschen Bundesregierung statt Waldschadens- nur noch Waldzustandsbericht.

Es blieb sein einheitliches Stichprobenverfahren, das den Grad ihrer Schädigung nach dem Kronenzustand der Bäume beurteilt. Nur mehrten sich unterdessen die Zweifel an der Tauglichkeit des Verfahrens. Deutliche Worte findet 2005 die Kommission für Ökologie der Bayerischen Akademie der Wissenschaften, ihrer Meinung nach ist es „angebracht, diese einseitige und unspezifische Art der Erhebung endlich einzustellen".

Ein vorläufiges Resümee bietet sich an. Wie die damaligen Waldschäden zu bewerten sind, ist immer noch umstritten. Was im Übrigen auch für die heutigen Schadensbilder gilt. An den Verlichtungsprozenten hat sich jedenfalls nichts Wesentliches geändert. Im Vergleich zu 1984 geht es dem Wald kaum besser, in Jahren mit trockenen Sommern eher schlechter. Doch muss fürs Protokoll festgehalten werden: Entgegen so mancher Vorhersage aus berufenem Mund ist der Wald, ist selbst der deutsche Wald nicht gestorben.

Dass die einschlägige Debatte auch in Österreich und der deutschsprachigen Schweiz besonders engagiert geführt wurde, liegt womöglich doch an dem besonders griffigen Begriff „Waldsterben". Und natürlich sieht auch die Waldforschung bei den Nachbarn das „Sterben" inzwischen als sozialgeschichtliches Phänomen. Übrigens verzeichnen beide Länder über die Jahre eine deutliche Zunahme der Waldbestände. Die Aufgabe von Almflächen im Alpenraum trägt dazu wesentlich bei.

Nach wie vor gibt es Erklärungs-, also Forschungsbedarf. Der Faktor Luftverschmutzung kann nicht mehr die Alleinherrschaft beanspruchen, wie überhaupt die „neuartigen Waldschäden" auf ein Bündel von Ursachen zurückgeführt werden. Die Reaktionen auf das Trockenjahr 2003 deuten darauf hin, dass natürliche Extremereignisse die Bäume schwächen, zu diesen sogenannten Kalamitäten zählen ebenfalls Unwetterkatastrophen, Schädlinge und lange Frostperioden. Allerdings ist damit nicht die Frage beantwortet, ob der Wald aufgrund menschengemachter Belastungen besonders anfällig gegen die „natürlichen Feinde" ist. Ob die Feinwurzeln einer Buche nun durch die mechanische Beanspruchung während eines Sturms oder durch einen zu stark versauerten Boden geschädigt sind, sollte sich klären lassen.

Und natürlich leidet die Glaubwürdigkeit unter falschem Alarm. Den Teufel an die Wand zu malen und die Notwendigkeit eines Schreckensbilds mit der menschlichen Trägheit zu begründen, ist ein hochriskantes Verfahren. Dennoch wäre es grob fahrlässig, der Waldschadenkampagne ein höhnisch-hämisches „Viel Lärm um Nichts" nachzurufen. Sie hat den Erlass von Gesetzen und Verordnungen, die dem Schutz unserer Umwelt zweifelsohne dienen, wenigstens beschleunigt, sie hat dazu beigetragen, die Kenntnisse vom Ökosystem Wald wesentlich zu erweitern.

◀ Mit der Tanne fing es an: Die stark geschädigte Krone des Nadelbaums.

▶▶ Folgen eines Orkantiefs: Kyrill legte am 18./19. Januar 2007 auch diesen Fichtenbestand bei Wilnsdorf (Kreis Siegen-Wittgenstein) nieder.

„Historisch alte Wälder" – eine neue Entdeckung

Der Verlegenheitstitel deutet auf die Schwierigkeit hin, den Sachverhalt präzise zu benennen: Wie anders können Wälder alt sein als historisch? Aber schon die EU-Vor-Formulierung „ancient woodland" ist Ausdruck einer Begriffsklemme, aus der auch die ersatzweise Wendung „naturnahe Altwälder" nicht heraushilft. Worauf zielt diese Kategorie, die für den Waldschutz Ende der 1980er-Jahre entdeckt wurde?

Zunächst gründet sie auf der Erkenntnis, dass Wälder auf alten Waldstandorten produktiver sind als neu angelegte. Neu angelegte Wälder entstehen durch Aufforstungen, sei es auf Heideland, Wiesen oder Ackerflächen. Beim Acker wird besonders deutlich, wie tief der Pflug in die Entwicklung des Bodens eingegriffen, wie stark die Bearbeitung den Untergrund vereinheitlicht hat. Im Fall des „alten", stets baumbestandenen Waldlands blieb der Boden über einen langen Zeitraum von einer so massiven Umarbeitung verschont, blieb sogar verschont, wenn er mit standortfremden Gehölzen ausgestattet wurde. Entscheidend ist, dass hier seit etwa 400 oder 500 Jahren Bäume wachsen. Und es gibt Wissenschaftler, die ein Alter von 800 Jahren voraussetzen, ehe ein Wald sein ganzes Potenzial entwickelt habe. Aber „historisch alt" bedeutet auch: im Rückgriff auf verlässliche Quellen. Für die Wälder des Niedersächsischen Flachlands lässt sich das Kartenwerk der Kurhannoverschen Landesaufnahme (1772–1810) heranziehen. Hier kann davon ausgegangen werden, dass die damals kartografierten Waldstandorte bedeutend älter sind. Das Gleiche gilt im Fall der etwas jüngeren topografischen Blätter von Tranchot und Müffling, die das Rheinland erstaunlich exakt aufnahmen (1801–1828).

Keineswegs zufällig entdeckten die Naturschützer der Ebene den besonderen Wert historisch alter Wälder. Denn im Flachland verschwanden diese Wälder oft besonders gründlich. Woraus sich dann doch wieder eine interessante Forschungslage ergibt. Rasch zeigt sich:

▲ Gehören zur Ausstattung „historisch alter Wälder": Einbeere (*Paris quadrifolia*) und Großer Breitkäfer (*Abax parallelepipedus*)

Je geringer der Waldanteil an der Gesamtlandschaft, je kleiner und weiter verstreut die Inseln der historisch alten Baumbestände, desto spärlicher sind bestimmte Arten vertreten. Im Umkehrschluss: Gerade diese Arten zeigen einen intakten Wald an.

Es müssen übrigens keine spektakulären im Sinne besonders rarer Pflanzen und Tiere sein. Selten sind Wald-Bingelkraut (*Mercurialis perennis*) und (weißes) Buschwindröschen (*Anemone nemorosa*) gewiss nicht, das gilt – ungeachtet ihrer bemerkenswerten Kulturgeschichte – auch für Einbeere (*Paris quadrifolia*) und Wald-Sanikel (*Sanicula europaea*). Von den Arten, die im Norden selten vorkommen, zeigt etwa das Leberblümchen (*Hepatica nobilis*) eine sehr ausgeprägte Altwälder-Bindung. Alle genannten Arten haben eingeschränkte Möglichkeiten sich auszubreiten, sie fehlen häufig bis fast immer in den neuen Wäldern, obwohl diese „neuen" durchaus schon 200 Jahre ihr Terrain behaupten können. Bei den Tieren zeigen sich einige Hundertfüßer- und Schneckenarten den alten Wäldern signifikant verbunden. Unter den gutachterseits beliebten Laufkäfern (überschaubare Artenzahl, recht gut erforscht) sind zum Beispiel der Große Breitkäfer (*Abax parallelepipedus*), Paralleler Breitläufer (*Abax parallelus*) und Glatter Laufkäfer (*Carabus glabratus*) häufigere Bewohner der alten Wälder, während sie in den neuen nur sehr selten zu finden sind.

Insgesamt markieren die historisch alten Wälder einen qualitativen Sprung: Wo sie auf großer Fläche fehlen, steht ihr Wert umso deutlicher vor Augen. So belehren tiefste Eingriffe in eine Landschaft auch am gründlichsten über die Grenzen der Machbarkeit: Neue Bäume lassen sich pflanzen, aber selbst mit einer sorgfältigen Abstimmung auf die Standortverhältnisse ist es bei Weitem nicht getan.

▼ Auch das Leberblümchen (*Hepatica nobilis*) ist in „historisch alten Wäldern" zu finden.

Nach jüngeren Untersuchungen zeichnet sich allerdings ab, dass die Unterschiede zwischen Wäldern mit langer Waldtradition und neu angelegten nicht überall derart krass ausfallen. Schon die Mittelgebirgslagen lassen offenbar eine raschere Besiedlung durch Arten zu, die sich nur langsam ausbreiten. Wo die Verinselung nicht derart weit fortgeschritten ist wie in vielen Tieflandregionen, lassen sich kaum Unterschiede beim waldspezifischen Inventar feststellen.

So schärft das „ancient woodland" der Ebene den Blick dafür, was einen Wald ausmacht. Es ist kein Zufall, dass diese Kategorie im waldarmen England entwickelt wurde. Für den Naturschutz heißt das: So wichtig es ist, auf die Wälder der Mittelgebirge ein Auge zu haben, die wahre Herausforderung stellt sich doch für die naturfernen Gebiete der Ebene. Eigentlich müsste kaum betont werden, dass diese historisch alten Wälder des Tieflands besonders schützenswert sind. Und nur folgerichtig wäre, Aufforstungen an historisch alte Wälder anzuschließen. So könnte ihre Vitalität den neuen Baumbeständen am ehesten zugutekommen.

Der Jagdwald

Zunächst muss daran erinnert werden, dass dieses Thema selbst bei nüchternster Betrachtung über den Wald hinausreicht, nämlich auch auf die Flur, im Fall beispielsweise wilder Kaninchen sogar auf den Friedhof. Doch natürlich kommt kein Waldbuch um die Jagd herum. Nur darf es sich von ihrem Leidenschaftspotenzial nicht mitreißen lassen. Und es hat durchaus seinen eigenen Reiz, das Thema Jagd vom Wald her zu denken, ihn als Medium, als Schauplatz nicht wie selbstverständlich vorauszusetzen.

Die historische Perspektive hält den Wald als Nährwald gegenwärtig, und hier steht „das Wild" an erster Stelle. „Das Wild" ist dem Thema Wald auf vielerlei Weise treu geblieben, die „Megaherbivorentheorie" bereicherte die Ur-Waldbilder um eine interessante Variante: einen durch die großen Pflanzenfresser parkartig aufgelichteten Lebensraum. So weit es die heimischen Wälder betrifft, lässt sich als Kulturleistung verbuchen, dass unsereiner die ganz großen Pflanzenfresser zum ganz großen Teil erfolgreich ausgerottet hat. Noch erfolgreicher waren wir allerdings darin, die großen Fleischfresser auszurotten, also die Tiere, die ehedem den ganz großen Pflanzenfressern nachgestellt haben. Weil aber die Pflanzenfresser wenigstens insgesamt nicht von der Bildfläche verschwanden, bleibt uns nur eine traurige Stellvertreterpflicht: Nämlich statt der großen Fleischfresser für die Herstellung dessen zu sorgen, was wir nach bestem Wissen und Gewissen biologisches Gleichgewicht nennen.

Nur: Welches „Wild" gehört überhaupt zum Wald? Vorab macht diese Frage darauf aufmerksam, wie viele „jagdbare" Waldtiere hierzulande derart selten geworden sind, dass sich, jedenfalls in bestimmten Regionen, jedes Halali verbietet. Und wenn zunächst von den Tieren gesprochen werden soll, die es besonders knapp bis in unsere Gegenwart geschafft haben, dann steht dem Wisent oder Europäischen Bison (*Bison bonasus*) das Recht der Ersterwähnung zu. Länger konnte sich hierzulande der Elch (*Alces alces*) halten, und es mehren sich die Anzeichen, dass er auch ohne Wiederansiedlungsprogramme zurückkehren könnte. Sicher war der Rothirsch (*Cervus elaphus*) ursprünglich in der Steppe heimisch, doch kann er hierzulande mit einigem Recht als Waldtier gelten. Jedenfalls mehr als das Reh, es ist wie etwa auch der Hase eher ein Tier des Offenlands.

◂ Die Wisente konnten knapp vor dem Aussterben gerettet werden. Bei Bad Berleburg im Kreis Siegen-Wittgenstein in Nordrhein-Westfalen ist eine Herde ausgewildert worden. Allerdings richteten sie im benachbarten Sauerland größere „Schälschäden" an. Die betroffenen Waldbesitzer gingen vor Gericht.

▸ Und so will es das Klischee. Rothirsch, männlich, prächtiges Geweih und lautes Röhren.

Nun zeigen schon frühe Urkunden, dass Wald und Jagd eng zusammengehören. Verbindendes Element ist der Wildbann. Er schützt bestimmte (also keineswegs alle) Tiere, genauer: der Wildbann erklärt die Jagd auf sie zum ausschließlichen und strafbewehrten Recht eines bestimmten Personenkreises. Andere Waldnutzungen sind davon (jedenfalls zunächst) nicht betroffen, die Jagd wird also früh von ihnen abgetrennt. Wie eng Jagd und Wald verbunden waren, lässt eine 1002 ausgefertigte Urkunde Kaiser Ottos III. erkennen. Während andere Zeugnisse voraussetzen, welche Tiere unter Wildbann stehen, nennt sie ausdrücklich die Waldbewohner Hirsch und Wildschwein als bevorzugte Schutzobjekte. Zu den Beuten adliger Jäger gehöre häufig das oft sogenannte Raubzeug, als prominentestes der Braunbär, aber auch Wolf, Luchs und Wildkatze, also wiederum Waldtiere. In ihrem Fall zeigt sich allerdings, dass die Inhaber des Jagdrechts nicht einheitlich urteilen. Manche gestanden auch ihren Untertanen zu, diesen Räubern nachzustellen.

Wenn ein – zunächst frei nutzbarer – Wald/Ödland zum Forst umgewidmet, also der freien Nutzung entzogen wurde, dann häufig aus Gründen der Jagd. Viele Forste sind später namhafte Tummelplätze für Nimrode. Und wie die Einforstung ursprünglich Königsrecht war, gerät das Recht der freien Jagd früh unter die Verfügungsgewalt des höchsten Herrschers. Der fränkische Chronist Gregor von Tours erzählt die Geschichte vom Kämmerer Chundo, der 590 n. Chr. im königlichen Wald des Merowingerherrschers Guntram einen Ur zur Strecke gebracht haben soll. Chundo bestreitet den Wildfrevel, er stellt sich, genauer einen Stellvertreter zum Zweikampf, das Gottesurteil geht zu seinen Ungunsten aus und er wird gesteinigt.

▼ „Zwei Wilderer im Gefecht mit einem Förster", Chromolithografie um 1880

Strenge Strafen sind bei Wilderei üblich, doch auch diese äußerst strenge hat dem Waldtier Ur oder Auerochsen auf lange Sicht nichts genützt. Immerhin berührt auch das schlimme Schicksal des königlichen Kämmerers die Frage: Wie wirkt die Jagd auf den Wald? Noch heute sagen die Jäger, dass Jagd dem Naturschutz diene, und verweisen dabei gern auf den frühen Schutz des Waldes durch ihr Tun. Und wirklich dürfte der Wildbann, dürfte genauer das machtbewehrte Interesse an ausreichend Hochwild manchen Wald vor seiner Verlichtung bewahrt haben. So hält etwa die Basisurkunde für das oberpfälzische Kloster Michelfeld 1119 die Mönche ausdrücklich an, bei ihrer Nutzung der ihnen zugesprochenen Wälder die Einstände der Jagdtiere zu schonen. Wie gesagt, wir bleiben streng beim Wald und sprechen deshalb nicht von den erheblichen Flurschäden, die beispielsweise das Waldtier Wildschwein verursacht. Doch lässt sich gut vorstellen, wie die Landbevölkerung aufgeatmet hat, als 1848 die Jagd für kurze Zeit freigegeben wurde und jeder Bauer seine Ernte mit dem Schießprügel in der Hand verteidigen konnte.

Ab Ende des 19. Jahrhunderts kam die Jagdgewalt wieder in die Hände des Adels. Auch diese Jägerschaft kämpfte mit den Waffen des Wortes, und für die Lauterkeit ihrer Absichten stand das Wort „Hege". Unter Hege fiel alles, was die „Lebensgrundlagen des Wildes" sichern und verbessern konnte. Gegenüber den wilden Schützen wurde die Selbstbeschränkung ins Feld geführt, gegenüber dem Wild sogar eine „Fürsorgepflicht". Leider verdunkelte die Trophäenjagd das helle Bild vom selbstlosen Tierschützer, einige unschöne Details wie Äsungsäcker vor Hochsitzen ebenfalls.

Sie verschwanden auch nicht, als sich die soziale Struktur der Jägerschaft änderte. Und es ging wie vor gut 200 Jahren vor allem um den Wald, als „die Jagdlobby" unter Beschuss geriet. Am bekanntesten wurden Horst Sterns Bemerkungen über den Rothirsch, der die hohe Rotwilddichte als Gefahr für den Wald anprangerte. Die Jäger sahen sich für das „Waldsterben von unten" verantwortlich gemacht.

Seitdem ist die Jägerschaft in der Defensive. Zu ihren Interessenvertretungen gesellte sich ein – oppositioneller – ökologischer Jagdverband. Aber auch unter den unorganisierten Jägern gibt es viele, die sich nicht damit zufriedengeben, flugs ein „nachhaltig" vor ihr Tun setzen. Keine Landesregierung bestreitet mehr, dass Wald- und Wildschutz zumindest übereinkommen müssen, das Bayerische Jagdgesetz vertritt den Grundsatz „Wald vor Wild". Nun lässt selbst die griffigste Parole in der Praxis viele Spielräume. Ihr zum Trotz wird aus dem Süden der Republik regelmäßig von immer noch zu hohen Verbiss-, Schäl- und Fegeschäden berichtet. In Österreich wird das Quantum der betroffenen Bäume auf etwa acht Prozent der „Gesamtstammzahl" geschätzt, offenbar geringer sind die Schälschäden in der Schweiz.

„Wald vor Wild" nutzt auch den Windschatten des Klimawandels. Wenn die Fichte zu seinen Opfern zählen wird, fällt der Übergang vom Nadelbaumforst zum Mischwald leichter. Aber während die Fichte vor den Zudringlichkeiten des Wilds einigermaßen sicher war, gehören gerade die mancherorts bodenständige Laubbäume zur „Lieblingsspeise für unsere Rehe", wie jüngst ein Waldbesitzer klagte. Sie sollen überdies eine ausgesprochene Vorliebe für den Berg-Ahorn haben, Baum des Jahres 2009.

Es darf in diesem Zusammenhang auf den sorglosen Gebrauch des Wortes „Wild" hingewiesen werden, die seiner begrifflichen Verkürzung auf das jagdbar genannte Wild vorausgeht. Aber es darf auch daran erinnert werden, dass Tiere, selbst größere, nun einmal zum Wald gehören. Außer dieser schlichten Aussage hat sich so gut wie keine als unumstritten erwiesen. Wenn es in unseren Breiten so gut wie keinen verbindlichen Urwald mehr gibt, stehen der Waldwirtschaft im Grundsatz alle Optionen offen. Und wo das ökologische Gleichgewicht als Urnaturzustand eine Fiktion ist, wird keine definitive Barriere gegen die Verhaustierung des Wilds aufgebaut werden können. Vollends eignet sich zu endloser Erörterung, was „ökosystemgerechte

Jagd in dicht besiedelter Kulturlandschaft" heißen mag. Wenn jetzt noch Anhänger der Megaherbivorentheorie die Diskussion zusätzlich chaotisieren, indem sie einen licht gefressenen Wald zum ursprünglichen erklären, setzen sie auf einen Schelm anderthalbe. Nicht zum ersten Mal hat dieses Waldbuch Gelegenheit anzumerken, dass unsere Wald-, Wild- und selbstverständlich auch Jagdbilder von veränderbaren Normen abhängen. Im Zweifelsfall ist auszuhalten, dass es keine unumstößlich richtige Position gibt und dass sich die Bedingungen für Argumente ändern können. Nur um Missverständnisse auszuschließen: Das bedeutet keinen Verzicht auf Begründungen, sondern im Gegenteil ihr ständiges Überprüfen. Das gilt für den Wald, und es gilt für das Wild im Wald.

Anmerkungen zum Rotwild

Dass es so häufig um das Rotwild (Cervus elaphus) geht, verwundert nicht. Seine Männer haben einfach alles, um auf sich aufmerksam zu machen: die imposanteste Größe, das mächtigste Geweih, den brünstigsten Schrei. Schon gar kein Wunder ist, dass der Jäger-Chor beim „Hirsch" seine ganze Stimmgewalt aufbietet – er muss dazu nicht einmal auf die historisch tief gegründete Rolle des Rotwilds als des edelsten aller Beutetiere hinweisen, er kann vielmehr eine noch fernere Vergangenheit beschwören. Dann erscheint der Rothirsch als „letzter Vertreter einer ehemals großartigen eiszeitlichen Großsäuger-Lebensgemeinschaft". Und das in Zeiten der Klimawende.

Welches Ironiepotenzial hat die neuere Wildtierforschung gehoben, als sie den gängigen Spruch vom Jäger als Raubwild-Stellvertreter wörtlich nahm. Beim Rothirsch müsste er im Sinne des biologischen Gleichgewichts den Wolf ersetzen. Als der Wolf im Yellowstone-Nationalpark (nordwestliche USA) erfolgreich wieder angesiedelt wurde, bot sich die Möglichkeit, die Probe aufs Exempel zu machen. Wichtigstes Ergebnis: Die Wapiti-Hirsche waren, obwohl wichtigste Beutetiere der Wölfe, insgesamt gut in der Lage, die Chancen auf einen Jagderfolg ihrer Prädatoren (lateinisch für „Beutemacher") gering zu halten. Meist hielten sie sich in den Dickungen auf, wo sie ihren Jägern am besten entgehen konnten, offenes Gelände, das die Jäger am meisten begünstigte, mieden sie weitgehend. So konnten die Wölfe überhaupt nur auf etwa zehn bis zwanzig Prozent des gesamten Wapiti-Einstandsgebiets zum Zuge kommen.

Wie jagt nun der Mensch? Vor allem anders. Während der Wolf seiner Beute ganz nah kommen muss, sind selbst für die mittelmäßige Büchse eines zweibeinigen Jägers 200 Meter kein Problem. Außerdem muss das Rotwild nur an wenigen Stellen mit dem Wolf, aber überall mit dem Menschen rechnen. Fazit: Innerhalb seines Streifgebiets bleibt dem Rothirsch nur ein verschwindend geringes Areal, das ihm Sicherheit bietet.

Die Naturschützer begegneten dem Rothirsch lange mit einigem Misstrauen. Sie sahen ihn bestenfalls in der Opferrolle – sonst aber war er es, der den Wäldern

▶ Ein Hirschrudel bei der keineswegs unumstrittenen Winterfütterung, hier im Berchtesgadener Land

am ärgsten zusetzte, schälte und verbiss, was das Zeug hielt. Sie beriefen sich dabei gerne auf Horst Sterns furiose Bemerkungen über den Rothirsch. Dabei hatte Stern den gewissenlosen Umgang mit den Hirschen und nicht das Tier selbst angeprangert.

Wie nun immer: Inzwischen ist der Rothirsch zu einer Leittierart aufgestiegen. Wie der Lachs im Fall der Gewässer stellt auch er an sein Umfeld hohe Ansprüche. Während das Wohlbefinden des Rotwilds auf eine intakte Natur schließen lässt, sind dort, wo es unter Stress gerät, die Lebensräume zu verbessern. Und diese Verbesserung wird nicht nur dieser einen Art, sondern der gesamten Tierwelt zugutekommen.

Und das bedeutet für den heutigen Menschen schon deshalb eine besondere Herausforderung, weil Rotwild – darin noch ganz Steppentier – wandert. Während der Frühsommermonate legen manche Hirsche beachtliche Strecken zurück, oft hundert Kilometer in wenigen Tagen. Manche Züge lassen auf alte, immer noch genutzte Fernwanderwege schließen. Die Beweglichkeit kommt der Erbgut-Vielfalt zugute. Wie Untersuchungen in Baden-Württemberg nachgewiesen haben, tauschen sich die Tiere über das ganze Land aus – selbst Staatsgrenzen ignorieren sie.

Außerdem beansprucht Rotwild große Streifgebiete, doch offenbar können die Ansprüche stark variieren. In jedem Fall zeigen die männlichen Tiere den größeren Aktionsradius. Die meisten Bundesländer haben sogenannte Rotwildgebiete eingerichtet, 140 sind es insgesamt, etwa 15 Prozent der ursprünglichen Rotwildhabitate. Einige Gebiete wurden schon vor über fünfzig Jahren eingerichtet, dabei gaben forstwirtschaftliche Gesichtspunkte den Ausschlag. Für eine wanderfreudige Art hat das Folgen: Wer von einem Gebiet ins andere wechseln will, dem droht der Abschuss.

Stärkstes Hemmnis der arteigenen Beweglichkeit sind hierzulande die Autobahnen. Das Fichtelgebirge, Dreh- und Angelpunkt der Rotwildwanderungen zwischen dem Thüringer Wald im Nordwesten und dem Oberpfälzer Wald im Süden, ist mittlerweile von

▲ Fegeschaden an einer jungen Kiefer. „Fegen" nennt es der Jäger, wenn ein Hirsch die Bastschicht seines Geweihs oder ein Rehbock die seines Gehörns an einem Baum, meist einem Bäumchen, abreibt.

Bundesfernstraßen umringt. Die geplante A 39 zwischen Wolfs- und Lüneburg wird die Rothirschpopulation der Lüneburger Heide (und damit die größte im Flachland) trennen. Ob die inzwischen europaweit eingerichteten Wildbrücken hier Abhilfe schaffen, muss die Zukunft zeigen. Aber einiges spricht dafür, dass sie selbst vom Rotwild genutzt werden.

So sehr sich das Rotwild auf der einen, der Sommerseite, durch große Beweglichkeit auszeichnet, so sehr tut es sich auf der anderen, der Winterseite, als Energiesparer hervor. Erst jüngere Forschungen haben ans Licht gebracht, wie souverän es mit seinen Kraftreserven haushalten kann. Der Leitsatz heißt: Ganz wenig bewegen! Rotwild ist fähig, in seinen äußeren Körperteilen die Temperatur derart niedrig zu halten, dass sich kaum überzogen von einem „Winterschlaf der Beine" sprechen lässt. Energie sparen Rothirsche auch, indem sie weniger Nahrung aufnehmen. Durch die herabgesetzte Verdauungstätigkeit hat der Stoffwechsel weniger Arbeit.

Umso dramatischer sind die Folgen, wenn der Hirsch dieses Sparprogramm nicht durchhalten kann. Wenn er sich besonders im späten Winter, bei schwerem Schnee und fast aufgezehrten Körperfettvorräten, zur Flucht veranlasst sieht. Danach ist er gezwungen, seinen Energiehaushalt aufwendig wieder auszugleichen. Weil Wald und Flur zu dieser Zeit wenig hochwertige Nahrung hergeben, muss entsprechend viel magere Kost aufgenommen, muss viel geschält und verbissen werden.

Ein probates Mittel gibt es, solche Waldschäden zu verhindern: Das Rotwild wird den Winter über „gegattert". Lockmittel ist das (reichliche) Futter. Doch natürlich wissen sie zum Beispiel im Nationalpark Bayerischer Wald auch, dass diese monatelange Haltung in schreiendem Widerspruch zu den Bedürfnissen des Wildtiers steht. Nur wird eben außerhalb des Zauns nicht verbissen und geschält, jedenfalls nicht vom Rotwild. Dergleichen nennt sich „konfliktarmes Rotwildmanagement", manche sprechen auch von konfliktarmer „Bewirtschaftung". Bewirtschaftung klingt ehrlicher. Die neueren Ergebnisse zur Biologie und Ökologie des Rotwilds haben nur noch deutlicher gemacht, dass es ohne Eingriffe menschlicherseits nicht geht. Wenigstens herrscht heute weitgehend Einigkeit, die Ansprüche des Rotwilds so weit wie möglich zu berücksichtigen. Da beruhigt, dass diese Tierart sehr anpassungsfähig scheint, so anpassungsfähig, dass bis heute umstritten ist, ob der Rothirsch nun als Wald- oder als Tier des Offenlands gelten soll.

Bleibt noch der Blick auf die „Krone". Damit ist hier das Geweih des männlichen Rotwilds gemeint, also jener Körperteil, der so gerne an die Wand genagelt wird. An der Wand muss das Geweih etwas hermachen, Stichwort Trophäenästhetik. Lange galt, dass die Hirsche mit dem vielversprechendsten Auswüchsen auch die aus biologischer Sicht förderungswürdigsten sind. Diese Annahme hat die Genetik nicht bestätigen können. Auch Hirsche mit unattraktivem Gehörn können sehr wohl Tiere mit vorzüglichen Erbanlagen sein, die gängige jagdliche Auslese wirkt hier als Beschränkung der genetischen Vielfalt.

Zum aktuellen Stand der Forstgeschichte

Die vielerorts immer noch zu hohe Wilddichte und die Auseinandersetzungen darum zeigen, wie sehr die Forstgeschichte in die Sozialgeschichte hineinragt. Doch gibt es inzwischen etwa die Zusammenschlüsse kleiner Privatwaldbesitzer, die für ihre Jagdreviere strenge Regeln festlegen. Und die notfalls eigene Jagdgenossenschaften gründen, um dem Grundsatz „Wald vor Wild" Geltung zu verschaffen.

In guten Händen ist der Wald auch bei manch großem Privatwaldbesitzer. Wer einen Wald lange bewirtschaftet und von ihm leben muss, weiß, dass der Dauerwald jedenfalls auf lange Sicht die höheren Erträge bringt.

Etwas anders liegt der Fall bei den Wäldern der öffentlichen Hand. Bund, Länder und Kommunen, sie haben ihre Forstverwaltungen derart „verschlankt", dass Hungerödeme drohen. Traditionelle Forstverwaltungen wurden in Betriebe verwandelt, sie müssen sich selbst tragen. Manche Verlautbarungen aus den einschlägigen Länderministerien klingen wieder stark nach der Vormarsch-Musik von Finanzmathematikern. Der Waldverkauf ist aus ihrer Sicht ein fast zwangsläufiger

▶ Blick auf den Diebelsee im UNESCO-Biosphärenreservat Schorfheide-Chorin

Schluss. In Nordrhein-Westfalen wurden große Flächen an Private abgegeben, Einnahmen: immerhin zwanzig Millionen Euro. Unter den veräußerten Waldstücken waren auch solche, die einen besonderen Schutzstatus hatten. Nur zur Erinnerung: Das Bundeswald- und die Landesforstgesetze gehen von den eigenen Baumbeständen als Vorbildwäldern aus. Das schließt nicht nur eine naturgemäße oder naturverträgliche Bewirtschaftung ein, sondern auch einen besonders verantwortlichen Umgang mit besonders schützenswerten Waldbiotopen. Und je mehr sich der Staat einer Verantwortung für die Wälder entledigt, desto mehr droht die Forstwirtschaft zum Anhängsel der Holzindustrie zu werden. Ohnehin zeichnet sich diese Tendenz in der EU ab, die immer stärker auch die Geschicke des Waldes mitbestimmt.

Viele Forstwissenschaftler sind besorgt. Da die selbstverwalteten Universitäten oft andere Schwerpunkte setzen, seien ihre Forschungsmöglichkeiten beeinträchtigt, die Berufsaussichten für Absolventen ihres Fachs grottenschlecht und überhaupt habe die deutschsprachige Forstwissenschaft weltweit an Ansehen verloren. Jüngere Wissenschaftler wenden allerdings ein, dass die Eingliederung in einen größeren Fachzusammenhang

Waldhistorie

Wald und Klimawandel

Der Klimawandel kennt nicht nur Verlierer. Der Ilex oder die Stechpalme gilt als typisch atlantisches Gehölz, also eines, das nur bei mäßig kalten Wintern überleben kann. Doch seit einigen Jahrzehnten lässt sich beobachten, wie der Ilex an der Westküste Norwegens immer weiter nach Norden, und in Schweden immer weiter nach Osten vordringt.

Nun spielt der Ilex für die Holznutzung keine Rolle. Aber gerade unter wirtschaftlichen Gesichtspunkten stellt sich die Frage: Welchen Einfluss hat der Klimawandel auf unsere Wälder? Was lässt sich tun, wenn ihnen immer wärmere, immer niederschlagsärmere Sommer und womöglich immer heftigere Unwetter zusetzen? Es muss nicht eigens betont werden, dass im Waldbau der Ertrag die wichtigste Rolle spielt.

Der „von Natur aus konservative Waldbau" fragt als Erstes: Wie lässt sich an den derzeitigen Gegebenheiten anknüpfen? Schon heute wachsen Baumarten der submediterranen Klimazone in den wärmsten Gegenden Mitteleuropas. Die Flaum-Eiche (*Quercus pubescens*) kommt aus dem nördlichen Mittelmeerraum, sie verdrängt derzeit die Wald-Kiefer an den südexponierten Hängen des schweizerischen Tessin. Und die grandiosen Buchenwälder Nordspaniens geraten ebenfalls unter den Druck dieser Eichenart. Sie verdrängt den Hauptbaum unserer Mittelgebirge am südlichen Rand seines Verbreitungsgebiets.

Wer unter dem Horizont des Klimawandels nach alternativen Baumarten sucht, hat allen Grund, sich mit den Eichen überhaupt zu beschäftigen. Die Gattung ist rund ums Mittelmeer mit etlichen Arten vertreten, nur der Stiel- und Trauben-Eiche gelang es nach der Eiszeit, in unseren Breiten festen Fuß fassen. Selbst dort, wo die Flaum-Eiche vertreten ist, bildet sie mit der Trauben-Eiche häufig Bastarde.

Aus dem Süden und Südosten Europas stammt die Zerr-Eiche (*Quercus cerris*). Sie ist ein recht häufiger Parkbaum, doch im Tessin, im österreichischen Burgenland oder der Steiermark kommt sie auch von Natur aus vor. Ihr Anbau könnte sich unter wirtschaftlichen Gesichtspunkten lohnen. Allerdings wird bisher nur der immergrünen Stein-Eiche (*Quercus ilex*) und der Ungarischen Eiche (*Quercus frainetto*) zugetraut, dass sich ihr Holz profitabel nutzen ließe.

Doch die Forschungen laufen, inwieweit mediterrane Eichenarten die heimischen ersetzen könnten. Wenn sie künftig wirkliche Waldbäume werden sollen, dann muss auch ihr Umfeld untersucht, muss ihr Einfluss auf die Krautschicht, auf die Bodenbeschaffenheit, auf die Insektenwelt einschließlich der Schädlinge abgeschätzt werden.

Die Ökonomen weisen darauf hin, dass sich der Anbau bestimmter fremdländischer Baumarten doch bewährt habe. Unter künftigen trockenwarmen Bedingungen könne die Douglasie (*Pseudotsuga menziesii*) ohne Weiteres die Nachfolge der Fichte antreten, und auch die bewährte amerikanische Rot-Eiche (*Quercus rubra*) käme mit dem gewandelten Klima jedenfalls besser zurecht als die heimischen Eichenarten.

Das Sekretariat der „Internationalen Biodiversitätskonvention" macht einen anderen Vorschlag. Zunächst solle auf Ökotypen heimischer Baumarten

▶ Unter den mediterranen Eichenarten ist die immergrüne Stein-Eiche der pflanzensoziologisch wichtigste Baum. Er verdient schon deshalb Beachtung, weil die Périgord-Trüffel mit ihm vergesellschaftet sein kann. Warum sollte sie demnach als zukünftig heimischer Baum nicht willkommen sein?

Waldhistorie **203**

gesetzt werden, die sich unter trocken-warmen Verhältnissen bewährt haben, also beispielsweise Buchenschläge aus Bulgarien. Die Walliser Trockentanne wird ebenfalls genannt, die Varietät von *Abies alba* aus dem schweizerischen Wallis kommt mit deutlich weniger Niederschlag aus.

Aber an erster Stelle verdienen doch die Bäume Aufmerksamkeit, die seit jeher als südlichere oder kontinentalere Arten zur heimischen Pflanzenwelt gehören. Zum Beispiel die beiden Arten der Gattung *Sorbus* Speierling und Elsbeere. Sie erzielten in letzter Zeit sogar interessante Holzpreise, und das Angebot guter Qualitäten blieb weit hinter der Nachfrage zurück.

Diesseits aller Prognose-Unsicherheiten aber gilt ein Leitsatz: Ein vitaler Wald hat immer noch die besten Möglichkeiten, sich auf die Erwärmung einzustellen. Die Naturnähe der Bestände ist dabei oberstes Gebot. Möglichst große Waldgesundheit verringert das Drohpotenzial des Klimawandels.

▲ Holz ist ein nachwachsender Rohstoff. Die Plünderung der Wälder droht erneut, wenn zu viel Holz aus dem Wald genommen wird.

▶ Buchenkeimling auf einer alten Eiche

und -austausch auch und gerade der breit aufgestellten Forstwissenschaft entgegenkomme oder doch entgegenkommen müsste.

Die jüngsten Alarmrufe aus der Praxis schließlich gelten dem Holz als nachwachsendem Rohstoff. Die Plünderung der Wälder drohe erneut, weil zu viel Holz aus dem Wald genommen werde. Die gestiegenen Brennholzpreise führten gelegentlich offenbar dazu, dass manche Zeitgenossen wieder den Holzdiebstahl als lohnend erachten.

Noch aber profitiert der Wald, profitiert der naturnahe Waldbau und profitieren auch die Forstwissenschaften von der auch materiell beglaubigten Aufmerksamkeit, die der Wald hierzulande erhielt. Allerdings können die Waldbilder drastisch darüber belehren, dass es für Waldbau einen langen Atem braucht. Und das nicht nur für den Waldbau, sondern auch für den Wald. Wer die nun einmal existenten Forsten mit Gewalt umkrempeln wollte, verschlimmbesserte nur.

Was den Historiker angeht, empfiehlt der Gelassenheit. Er weiß, dass der Wald nicht erst seit heute im Widerstreit der Interessen steht. Er wird auch die Auseinandersetzungen um die Waldwildnis mit einem milden Lächeln zur Kenntnis nehmen. Der Waldhistoriker empfiehlt allerdings auch: Wachsamkeit. Im Hin und Her der gesellschaftlichen Strömungen muss eines zäh verteidigt werden: das erweiterte Verständnis der Nachhaltigkeit. Es erschöpft sich ausdrücklich nicht im Gleichgewicht von Holzzuwachs und Holzentnahme. Der Wald ist ein Ökosystem mit vielen „Leistungen", und nur ein stabiler Wald lässt an seinen Segnungen dauerhaft teilhaben.

Gutes Holz – das FSC-Gütesiegel

1993 wurde der Forest Stewardship Council (FSC) als „gemeinnützige und unabhängige Organisation zur Förderung verantwortlicher Waldwirtschaft" gegründet. Weltweit tätig, beglaubigt der FSC mit seinem Prüfsiegel eine umweltgerechte, sozialverträgliche und „wirtschaftlich tragfähige" Ernte wie Verarbeitung des Holzes, das sein Prüfsiegel erhält.

A

Abax parallelepipedus 192 f.
– *parallelus* 193
Abies alba 59 ff.
Acer campestre 38
– *italicum* 57
– *monspessulanum* 57
– *pseudoplatanus* 41 f., 191
Adenostyles alliariae 42
Adlerfarn 50
Adoxa moschatellina 38
Ahorn, Berg- 41 f., 191
Ahorn, Feld- 38
Ahorn, Französischer 57
Ahorn, Schneeballblättriger 57
Akelei, Dunkle 85
Akelei, Schwarzviolette 85
Akeleiblättrige Wiesenraute 42
Alces alces 194
Allium ursinum 38 f.
Alnus glutinosa 99
– *incana* 99
– *viridis* 99
Alpenbock 120
Alpendost, Grauer 42
Alpenlattich, Grüner 64
Alpen-Milchlattich 42
Alpen-Sauerampfer 42
Alpenveilchen, Europäisches 81
Alte Wälder 192 ff.
Altersklassenwald 30, 178, 182 185
Amanita muscaria 114 f.
Ameisen 122 f.
Ameisenbuntkäfer 122
Amelanchier ovalis 84
Andromeda polifolia 103
Anemone nemorosa 25, 192
– *ranunculoides* 36
Apatura iris 107
Aquilegia atrata 85
Arctostaphylos uva ursi 83 f.
Argynnis paphia 107
Armillaria ostoyae 111
Aronstab 36
Arum maculatum 36
Arve 71
Asarum europaeum 36
Ästige Mondraute 68
Athyrium filix-femina 34
Auerochse 12, 196 f.
Auwälder 86 ff.

B

Bannwald 164, 186
Barbastella barbastellus 44, 46
Bärentraube 83 f.
Bärlapp 33, 68 f.
Bärlapp, Sprossender 33
Bärlapp-Block-Fichtenwald 73, 75
Bärlauch 38 f., 91, 123
Bärlauchreicher Buchenwald 38 f.
Baumarten 9, 16, 20, 22, 202
Baumgrenze 10, 22
Bayerischer Wald, Nationalpark 66 ff.
Bazzania trilobata 64
Bechsteinfledermaus 119
Berchtesgaden, Nationalpark 78 f.
Berg-Ahorn 41 f., 191
Bergfichtenwald 68 f.
Berg-Haarstrang 84

Berg-Kiefer 59, 80
Bergmischwald 66, 80 f.
Berg-Reitgras 64
Berg-Sauerampfer 42
Berg-Ulme 42, 114
Besenheide 50, 103
Betula pubescens 50, 103
Białowieża-Nationalpark 9, 54
Biber 92 f., 97
Bienenhaltung 162 ff.
Bingelkraut, Wald- 36, 63, 192
Birke, Karpaten- 75, 103
Birke, Moor- 22, 50, 103
Birke, Sand- 50
Birken-Eichen-Niederwald 158
Birken-Kiefern-Bruchwald 102
Birken-Kiefern-Wald 24
Birkwild 78, 80
Birngrün 64
Bison bonasus 12, 194
Bison, Europäisches 12, 194
Bittersüßer Nachtschatten 101 f.
Blasenfarn, Zerbrechlicher 42
Blaubeere 33
Blaues Pfeifengras 50
Blaukehlchen 105
Blauroter Steinsame 56 f.
Blaustern 91
Blechnum spicant 62
Blockhaldenfichtenwald 64
Blutroter Storchschnabel 40, 108
Blut-Storchschnabel 40, 108
Boden 15 ff., 20, 32 ff., 119
Bodenreinertragslehre 178 f.
Böhmerwald, Nationalpark 66 ff.
Bombina bombina 97
Bonasa bonasia 156
Borkenkäfer 69 ff., 73, 80, 117, 181
Botrychium matricariifolium 68
– *multifidum* 68
Breitkäfer, Großer 192 f.
Breitkäfer, Paralleler 193
Brocken 72 ff.
Bruchwälder 101 ff.
Bruch-Weide 88
Buchdrucker 122, 181
Buche 29 ff., 54
Buchen-Tannen-Fichtenwald 64
Buchen-Tannenwald 41, 59, 153
Buchenwälder 28 ff.
Buchsbaum 57
Buchwälder 101 ff.
Burgundische Pforte 24
Buschwindröschen 25, 123, 192
Buxus sempervirens 57

C

Calamagrostis villosa 64
Calla palustris 101 f.
Calluna vulgaris 50, 103
Caltha palustris 101 f.
Campanula persicifolia 40
Cantharellus cibarius 111
Carabus glabratus 193
Carex alba 40
– *elongata* 101
– *laevigata* 101
Carlowitz, Hans (Hannß) Carl von 169 f.
Carpinus betulus 53 f.
Castor fiber 92 f.
Cephalanthera damasonium 40
– *rubra* 40
Cerambyx cerdo 52, 120 f.
Cervus elaphus 12, 194, 197 ff.

Cetraria islandica 83
Charakterarten 23
Christrose 81
Chrysanthemum corymbosum 55
Cicerbita alpina 42
Ciconia nigra 89, 93
Circea lutetiana 38, 63
Cladonia portentosa 83 f.
Clematis vitalba 91
Convallaria majalis 38
Cornus sanguinea 91
Corydalis cava 37, 91, 123
Corylus avellana 24, 108, 155
Corynephorus canescens 83, 85
Cotta, Johann Heinrich 170 ff.
Cyclamen purpurascens 81
Cypripedium calceolus 40
Cystopteris fragilis 42

D

Daphne mezereum 36
– *striata* 85
Dauerwald 182 f., 200
Derborence, NSG 63
Deschampsia flexuosa 33, 83
Dictamnus albus 57
Dingel, Violetter 56
Diptam 57
Doldige Wucherblume 55
Donauauen, Nationalpark 89, 94 f.
Dorniger Schildfarn 42
Douglasie 202
Drachenwurz 101 f.
Drahtschmiele 33, 50, 83
Drahtschmielen-Kiefernwald 83 f.
Dreilappiges Peitschenmoos 64
Dryocopus martius 118 f.
Dryopteris filix-mas 33 f.
Dunkle Akelei 85
Dunkler Hallimasch 111, 114

E

Eberswalde, Forstlehranstalt 172, 174, 177
Echte Felsenbirne 84
Echtes Springkraut 38, 63
Efeu 90 f.
Eibe 61
Eiche, Flaum- 49, 56, 202
Eiche, Rot- 202
Eiche, Stein- 202
Eiche, Stiel- 49 ff., 91
Eiche, Trauben- 49 ff.
Eiche, Ungarische 202
Eiche, Zerr- 49, 202
Eichelhäher 52, 164
Eichenblattwickler 52
Eichenbock 52, 120 f.
Eichenfarn 34
Eichengallwespe 52
Eichen-Hainbuchenwald 53 ff.
Eichenmischwald 24, 55 ff.
Eichenprozessionsspinner 52
Eichenwälder 48 ff.
Eichenwickler 52
Eichenwidderbock 52
Eichhörnchen 52
Eifel, Nationalpark 44 ff.
Einbeere 192
Eiszeit 24 f.
Elbe 96 f.
Elch 194

Elsbeere 56 f., 155, 203
Epipactis microphylla 40
Epipogium aphyllum 113
Equisetum sylvaticum 62 f.
Eremit 120
Erica herbacea 85
– *tetralix* 50
Erle, Grau- 99
Erle, Grün- 99
Erle, Rot- 99
Erle, Schwarz- 22, 99
Erlenbruchwald 101
Erzgebirge 18, 61, 142 f.
Erzgewinnung 142, 145
Esche 22, 99 f.
Esche, Quirl- 95
Esche, Rot- 97
Esche, Schmalblättrige 95
Euonymus europaeus 36, 91
Europäische Lärche 59, 77 ff.
Europäische Wildkatze 47
Europäisches Alpenveilchen 81

F

Fagus sylvatica 29 ff., 54
Fegeschäden 197, 199
Feld-Ahorn 38
Feldrose 40
Felis *silvestris silvestris* 47
Felsenbirne, Echte 84
Festuca altissima 34
Ficedula albicollis 105
Fichte 59, 64 ff., 177, 180 f.
Fichten-Kiefernwald 64
Flatter-Ulme 91, 97
Flaum-Eiche 49, 56, 202
Flechtenreicher Kiefernwald 83 f.
Fliegenpilz 114 f.
Flößerei 148 ff.
Flusslandschaft Elbe, Biosphärenreservat 96 f.
Formica polyctena 122 f.
– *rufa* 122 f.
Forst 8, 23, 131 ff., 163 f., 170, 173 ff., 180, 200 ff.
Forstwirtschaft 170 ff.
Forstwissenschaft 170 ff., 201, 204
Französischer Ahorn 57
Frauenfarn, Gemeiner 34
Frauenschuh 40
Fraxinus angustifolia 95
– *excelsior* 99 f.
– *pennsylvanica* 97
Frischer Kalkbuchenwald 35 ff.
Frühlings-Platterbse 36
FSC-Gütesiegel 204

G

Gagea lutea 38, 91
Gagel 102
Galium odoratum 34
– *rotundifolium* 62 f.
– *sylvaticum* 54
Gayer, Karl 182
Gelappter Schildfarn 42
Gelbes Windröschen 36
Gemeine Waldrebe 91
Gemeiner Frauenfarn 34
Gemeiner Hallimasch 112, 114
Gemeiner Schneeball 91
Geophyten 37 f.
Geranium sanguineum 40, 108
Geschlängelte Schmiele 33
Gewöhnlicher Hopfen 90

Glasherstellung 145 ff.
Glatte Segge 101
Glatter Laufkäfer 193
Glockenblume, Pfirsichblättrige 40
Glocken-Heide 50
Glomeromycota 113
Goldstern, Wald- 38, 91
Grauer Alpendost 42
Grau-Erle 99
Großdittmannsdorf, NSG 64
Große Sternmiere 54 f.
Großer Ahornboden (Tirol), LSG 41
Großer Breitkäfer 192 f.
Großer Rachel 66, 68
Großer Schillerfalter 107
Großes Hexenkraut 38; 63
Grüner Alpenlattich 64
Grün-Erle 99
Gymnocarpium dryopteris 34

H

Haargerste, Wald- 36
Haarstrang, Berg- 84
Hainbuche 53 f., 155
Hainich, Nationalpark 44 ff.
Hainsimse, Wald- 62
Hainsimse, Weißliche 32
Hainsimsen-Buchenwald 32 f., 44
Hainsimsen-Weiß-Tannenwald 62
Hallimasch 111 f., 114
Halsbandschnäpper 105
Hanf-Weide 89
Hartholzaue 95
Hartig, Georg Ludwig 173 f.
Hartriegel, Roter 91
Harz, Nationalpark 72 ff.
Hasel 24, 108, 155
Haselhuhn 156
Haselwurz 36, 44
Hasenglöckchen 55, 127
Hauberg 158 f.
Hedera helix 90 f.
Hege 197
Heide 18 f., 50, 129, 139
Heide, Glocken- 50
Heidekraut 84, 113
Heidelbeere 33, 63, 102
Heldbock 52, 120 f.
Helleborus niger 81
Helmkraut, Kleines 101
Hepatica nobilis 36, 192 f.
Heterobasidion annosum 114
Heuckenlock, NSG 104
Hexenkraut, Großes 38; 63
Hirsch 12, 194, 197 ff.
Hirschkäfer 121
Hirschzunge 42 f.
Historisch alte Wälder 192 ff.
Hohler Lerchensporn 37, 91, 123
Holcus mollis 50
Holländerholzhandel 149, 151 f.
Holzbedarf 129, 139, 156
Holzhandel 148 ff.
Holzkohle 139 f.
Holznot 160 ff.
Holznutzung 127 ff.
Holzwespe 117, 119
Homogyne *alpina* 64
Honiggras, Weiches 50
Hopfen, Gewöhnlicher 90
Hordelymus europaeus 36
Humulus lupulus 90

Register

Hunds-Veilchen 84 f.
Hutebaum 13
Hyacinthoides 55

I
Ilex aquifolium 34, 202
Imker 163
Immenblatt, Melissen- 54 f.
Impatiens noli-tangere 38, 63
Ips typographus 181
Iris pseudacorus 101
Isarauen 87, 105
Isländisches Moos 83

J
Jagd 132, 163, 194 ff.
Jagdwald 160, 194 ff.
Jung, Johann Heinrich (Jung-Stilling) 170
Juniperis communis 19, 59

K
Kahlrückige Waldameise 122 f.
Kahlschlag 159, 178, 180, 185 ff.
Kaisermantel 107
Kalamität 164, 189
Kalkbuchenwald, Frischer 35 ff.
Kalkung 18 f.
Karbonat-Kiefernwald 84 f.
Karpaten-Birke 75, 103
Kellerwald-Edersee, Nationalpark 30, 32
Kennarten 23
Kiefer 59, 80, 83 ff.
Kiefer, Berg- 59, 80
Kiefer, Latschen- 80, 83
Kiefer, Wald- 59, 83 ff.
Kiefer, Zirbel- 77
Kiefern-Mistel 64
Kiefern-Moorwald 85
Kirsche, Trauben- 91
Kleinblättrige Sumpfwurz 40
Kleines Helmkraut 101
Klimawandel 22, 36, 39, 63, 181, 197, 202 f.
Knack-Weide 88
Köhlerei 139 ff.
König, Gottlob 172, 174, 182
Königsfarn 101
Königssee 10, 78
Konkurrenz 20 ff.
Kopfweide 89
Korb-Weide 89
Krähenbeeren-Kiefernwald 84
Kupferstecher 122, 181

L
Labkraut, Rundblättriges 62 f.
Labkraut, Wald- 54
Labkrautreicher-Weiß-Tannenwald 62 f.
Lärche, Europäische 59, 77 ff.
Lärchen-Arvenwald 80
Larix decidua 59, 77 ff.
Lathyrus vernus 36
Latschen-Kiefer 80, 83
Laubfrosch 97
Laufkäfer, Glatter 193
Leberblümchen 36, 123, 192 f.
Ledum palustre 102 f.
Leibundgut, Hans 186
Leopold, Aldo 183
Leucojum vernum 37, 91
Liguster 40
Ligustrum vulgare 40

Limodorum abortivum 56
Linde 20, 24 f., 54
Linde, Winter- 54
Lithospermum purpurocaeruleum 56 f.
Lobau, Biosphärenreservat 94 f.
Lohe 158 f.
Lorbeer-Weide 89
Lucanus cervus 121
Luchs 70 f.
Lunaria rediviva 42
Lüneburger Heide 84, 139, 189
Luscinia svecica 105
Luzula luzuloides 32
– *sylvatica* 62
Lycopodium annotinum 33
Lynx lynx 70 f.

M
Maiglöckchen 38
Märzenbecher 37, 91
Megaherbivorentheorie 12 f., 194, 198
Mehlbeere 38
Meiler 140 f.
Melissen-Immenblatt 54 f.
Melittis melissophyllum 54 f.
Mercurialis perennis 36, 63, 192
Milchlattich, Alpen- 42
Mittlere Elbe, Biosphärenreservat 96 f.
Moderholz 117, 119
Molinia caerulea 50
Möller, Alfred 182
Mondraute, Ästige 68
Mondraute, Vielteilige 68
Mondviole 42
Moor-Birke 22, 50, 103
Moor-Fichtenwald 73, 75
Moos, Isländisches 83
Moosbeere 102
Mopsfledermaus 44, 46
Moschuskraut 38
Münker, Wilhelm 185
Mykorrhiza 112 f.
Myotis bechsteinii 119
Myrica gale 102

N
Nachhaltigkeit 145, 155, 163, 169 ff., 204
Nachtschatten, Bittersüßer 101 f.
Nadelwälder 58 ff.
Narcissus pseudonarcissus 45 f.
Narzisse, Wilde 45 f.
Nashornkäfer 122
Naturwaldzelle 186
Neandertal 43
Neottia nidus-avis 40
Nestwurz, Vogel- 40, 113
Niederwald 50, 53 f., 154 ff., 180
Nieswurz, Schwarze 81
Nucifraga caryocatactes 77
Nürnberger Reichswald 162 ff., 169

O
Ophiostoma 42, 96
Orchideen 40, 113
Orchideen-Buchenwald 38, 40
Oriolus oriolus 98
Orthilia secunda 64
Oryctes nasicornis 122
Osmoderma eremita 120

Osmunda regalis 101
Ötzi 127

P
Pappel, Schwarz- 90
Paralleler Breitkäfer 193
Paris quadrifolia 192
Peitschenmoos, Dreilappiges 64
Peitschenmoos-Fichtenwald 64
Peucedanum oreoselinum 84
Pfaffenhütchen 36, 91
Pfeifengras, Blaues 50
Pfeil, Wilhelm 172, 175 ff.
Pfifferling 111
Pfirsichblättrige Glockenblume 40
Pflanzengesellschaft 23
Pflanzensoziologie 23
Phyllitis scolopendrium 42 f.
Picea abies 59, 64 ff.
Pilze 110 ff.
Pinus cembra 77
– *mugo* 59, 80, 83
– *sylvestris* 59, 83 ff.
– *unicata* 80
Pirol 98
Pityogenes chalcographus 181
Platterbse, Frühlings- 36
Plenterwald 63, 185
Poecile montana 88, 90
Polystichum aculeatum 42
Populus nigra 90
Pottasche 145 f.
Preiselbeere 83, 103
Preiselbeeren-Weiß-Tannenwald 62
Preßler, Max 178
Privatwald 9, 200
Prunus padus 91
Pseudotsuga menziesii 202
Pteridium aquilinum 50

Q
Quercus cerris 49, 202
– *frainetto* 202
– *ilex* 202
– *petraea* 49 ff.
– *pubescens* 49, 56, 202
– *robur* 49 ff., 91
– *rubra* 202
Quirl-Esche 95

R
Ranunculus ficaria 38
Rauschbeere 102
Reh 12, 60, 70, 80, 102, 194, 197, 199
Reif-Weide 89
Reinhardswald 57
Reitgras, Berg- 64
Reitgras, Wolliges 64
Rentierflechte 83 f.
Rippenfarn 62
Rodungen 128 ff.
Rosa arvensis 40
Rosalia alpina 120
Rosmarinheide 103
Roßmäßler, Emil Adolf 104
Rotbauchunke 97
Rotbuche 29 ff., 54
Rote Waldameise 122 f.
Rot-Eiche 202
Roter Hartriegel 91
Rot-Erle 99

Rotes Waldvöglein 40, 64
Rot-Esche 97
Rothirsch 12, 194, 197 ff.
Rothwald, Naturreservat 9
Rotwild 12, 194, 197 ff.
Rühr mich nicht an 38, 63
Rumex alpestris 42
Rundblättriges Labkraut 62 f.

S
Sababurg, NSG 57
Saline 136, 138 f.
Salix alba 88 f.
– *daphnoides* 89
– *fragilis* 88
– *pentandra* 89
– *viminalis* 89
Sand-Birke 50
Sand-Thymian 84
Sanicula europaea 192
Sanikel, Wald- 192
Sauerampfer, Alpen- 42
Sauerampfer, Berg- 42
Saurer Regen 18, 61, 142 f., 186
Scatlè, Waldreservat 9
Schachtelhalm, Wald- 62 f.
Scharbockskraut 38
Schildfarn, Dorniger 42
Schildfarn, Gelappter 42
Schillerfalter, Großer 107
Schlangenwurz 42
Schlauchpilz 42, 96, 114
Schluchtwald 41 f.
Schmalblättrige Esche 95
Schmelzofen 141
Schmerwurz 90
Schmiele, Geschlängelte 33
Schneeball, Gemeiner 91
Schneeball, Wolliger 40, 84 f., 127
Schneeballblättriger Ahorn 57
Schneeheide 85
Schneeheide-Kiefernwald 85
Schneiteln 129
Schorfheide-Chorin, Biosphärenreservat 30, 200
Schwarze Nieswurz 81
Schwarz-Erle 22, 99
Schwarz-Pappel 90
Schwarzspecht 118 f.
Schwarzstorch 89, 93
Schwarzviolette Akelei 85
Schwarzwald 63, 149 ff., 156
Schwefeldioxid 142, 189
Schwefelsaurer Regen 61, 142
Schweinemast 135 f.
Schwertlilie, Wasser- 101
Schwingel, Wald- 34
Scilla bifolia 91
Scutellaria minor 101
Segge, Glatte 101
Segge, Walzen- 101
Segge, Weiße 40
Seggen-Buchenwald 40
Seidelbast 36, 64
Senckenberg, Johann Christian 156, 159
Silberblatt 42
Silbergras 83, 85
Silber-Weide 88 f.
Solanum dulcamara 101 f.
Sorbus aria 38
– *domestica* 56 f., 155, 203
– *torminalis* 56 f., 155, 203
Specht 119, 123

Speierling 56 f., 155, 203
Spirke 59, 80
Spreewald, Biosphärenreservat 104 f.
Springkraut, Echtes 38, 63
Sprossender Bärlapp 33
Stachys sylvatica 38
Stechpalme 34, 36, 202
Steckby-Lödderitzer Forst, NSG 96
Stein-Eiche 202
Steinröschen 85
Steinsame, Blauroter 56 f.
Stellaria holostea 54 f.
– *nemorum* 99
Steppen-Kiefernwald 84
Sternmiere, Große 54 f.
Sternmiere, Wald- 99
Stiel-Eiche 49 ff., 91
Storchschnabel, Blut- 40, 108
Storchschnabel, Blutroter 40, 108
Stromer, Peter 163, 169
subalpin 22, 41, 64, 77
Subalpiner Ahorn-Buchenwald 41
Sukzession, natürliche 13, 45, 80, 84
Šumava, Nationalpark 66 ff.
Sumpfdotterblume 101 f.
Sumpfporst 102 f.
Sumpfwurz, Kleinblättrige 40
Sus scrofa 12, 135 f., 196 f.

T
Tamus communis 90
Tanne, Weiß- 59 ff.
Tannen-Buchenwald 41
Tannen-Fichtenwald 64
Tannenhäher 77
Taxus baccata 59
Thalictrum aquilegifolium 42
Thanasimus formicarius 122
Tharandt, Forstakademie 104, 174, 178
Thaumetopoea processionea 52
Thymian, Sand- 84
Thymus serpyllum 84
Tilia cordata 54
Totholz 116 ff.
Trauben-Eiche 49 ff.
Trauben-Kirsche 91
Trift 150

U
Ulme, Berg- 42, 114
Ulme, Flatter- 91, 97
Ulmus glabra 42
– *laevis* 91, 97
Umtriebszeiten 155, 179 f.
Ungarische Eiche 202
Unteres Odertal, Nationalpark 105
Ur 12, 196 f.
Urocerus gigas 119
Urwald 9, 12 f., 24 f., 57, 63, 117, 122

V
Vaccinium myrtillus 33, 102
– *oxycoccus* 102
– *uliginosum* 102
– *vitis-idaea* 103
Veilchen, Hunds- 84 f.
Verhüttung 141, 145

Viburnum lantana 40, 84 f., 127
– *opulus* 91
Vielteilige Mondraute 68
Vinschgau (Südtirol) 56
Viola canina 84 f.
– *reichenbachiana* 35
Violetter Dingel 56
Viscum album 64
Vitis vinifera subsp. *sylvestris* 90
Vogel-Nestwurz 40, 113
Vogesen 25, 60, 64, 149

W
Wacholder 19, 59
Waldameise, Kahlrückige 122 f.
Waldameise, Rote 122 f.
Waldanteile 7, 9
Waldbau 20, 178, 180, 182 f., 202
Waldbau, naturnaher 182 f. 186
Wald-Bingelkraut 36, 63, 192

Waldböden 15 ff.
Waldgeschichte 24 f., 124 ff.
Waldglas 145 ff.
Wald-Goldstern 38, 91
Waldgrenze 10 ff., 59, 77
Wald-Haargerste 36
Wald-Hainsimse 62
Waldhufendorf 133
Waldhyazinthe 55
Wald-Kiefer 59, 83 ff.
Wald-Labkraut 54
Waldmeister 34
Waldmeister-Buchenwälder 35
Waldnutzung 125 ff.
Waldränder 106 ff., 127
Waldrebe, Gemeine 91
Wald-Sanikel 192
Wald-Schachtelhalm 62 f.
Waldschäden 142, 186 ff., 200
Waldschmiede 141

Wald-Schwingel 34
Waldsterben 61, 186 ff.
Wald-Sternmiere 99
Waldveilchen 35
Waldvöglein, Rotes 40, 64
Waldvöglein, Weißes 40
Waldweide 54, 133 ff.
Wald-Ziest 38
Waldzustandsbericht 19, 189
Walliser Trockentanne 63, 203
Walzen-Segge 101
Wasser-Schwertlilie 101
Weiches Honiggras 50
Weichholzaue 88 ff.
Weide 88 f.
Weide, Bruch- 88
Weide, Hanf- 89
Weide, Knack- 88
Weide, Korb- 89
Weide, Lorbeer- 89

Weide, Reif- 89
Weide, Silber- 88 f.
Weidenmeise 88, 90
Wein, Wilder 90
Weiße Segge 40
Weißes Waldvöglein 40
Weißliche Hainsimse 32
Weißmoos-Kiefernwald 83 f.
Weiß-Tanne 59 ff.
Widerbart 113
Wiesenraute, Akeleiblättrige 42
Wild 12, 170, 194 ff.
Wildbann 131 f., 196 f.
Wilde Narzisse 45 f.
Wilder Wein 90
Wildkatze, Europäische 47
Wildschwein 12, 135 f., 196 f.
Wildverbiss 13, 60, 197
Windröschen, Gelbes 36

Wintergrün-Weiß-Tannenwald 63
Winter-Linde 54
Wirtschaftswald 8, 29, 117, 164
Wisent 12, 194
Wolf 198
Wolliger Schneeball 40, 84 f., 127
Wolliges Reitgras 64
Wollreitgras-Fichtenwald 64
Wucherblume, Doldige 55
Wurmfarn 33 f.
Wurzelschwamm 114, 180

Z
Zeidlerei 163 f.
Zerbrechlicher Blasenfarn 42
Zerr-Eiche 49, 202
Ziest, Wald- 38
Zirbe 77
Zirbel-Kiefer 77

Bildnachweis

Arco Images, Lünen: S. 184 o.
Volker Brinkmann, Köln: S. 107 o. l., o. r.
Deutsches Schiffahrtsmuseum, Bremerhaven: S. 151 l., 152
Mark Döser, Wolfegg: S. 14 o., 43 u., 61 r., 205
dpa Picture-Alliance, Frankfurt/Main: S. 1 (dpa-Bildarchiv), 5 + 6–25 (OKAPIA/G. Bachmeier), 6 u. (OKAPIA/Christen), 10 (Bildagentur Huber), 12 l. (OKAPIA/M. Danegger), 18 o. (NHPA/photoshot), 18 u. (dpa-Report), 23 (Euroluftbild), 27 o. (medicalpicture), 32 (dpa-Report), 35 u. (OKAPIA/W. Rolfes), 37 (OKAPIA/C. Schäfer), 46 o. (Bildagentur Huber), 46 u. (dpa-Report), 52 o. l. (NHPA/photoshot), 52 M. r. (OKAPIA/W. Kratz), 53 o. (OKAPIA/J. L. Klein/M. L. Hubert), 54 (photoshot), 56 o. l. (OKAPIA/H. Reinhard), 56 o. r. (OKAPIA/B. Brossette), 58 o. (medicalpicture), 62 u. (Hippocampus Bildarchiv), 64 (medicalpicture), 71 (ZB-Fotoreport), 72 (NHPA/photoshot), 73 (Bildagentur Huber), 76 (OKAPIA/O. Eckstein), 79 (Bildagentur Huber), 81 (OKAPIA/W. Layer), 84 o. (NHPA/photoshot), 84 M. (OKAPIA/Dr. E. Pott), 85 o. l. (Hippocampus Bildarchiv), 88 u. (OKAPIA/R. Günter), 91 u. (NiB/H. Lade), 97 (OKAPIA/H. Lange), 99 (Klett), 105 (OKAPIA/W. Layer), 106 o. (bifab), 110 o. (united archives), 115 (united archives), 117 (united archives), 119 u. (OKAPIA/D. Nill), 121 u. (Hippocampus Bildarchiv), 124/125, 125 + 127–204 (scanpix), 126 u. (OKAPIA/C. Braun), 129, 138 (akg-images), 142/143 (dpa-Report), 148 o. (ZB-Fotoreport), 153 (dpa-Report), 154 u. (Bildagentur Huber), 168 o. (scanpix), 169 (akg-images), 175 (ZB-FUNK-REGIO OST), 185 (dpa-Report), 190/191 (dpa-Report), 193 (NiB/H. Lade), 198 (dpa-Bildarchiv), 204 u.
European Forest Institute, 2012: S. 7
Peter Fasel, Burbach: S. 159
Fotolia.com: S. 86 o. (© Ramona Marina), 89 u. (© Renáta Sedmáková), 95 o. (© Creativemarc), 157 (© BEAUTYofLIFE), 183 (© ohenze)
Geotop-Bildarchiv, München: S. 11, 20 u., 22, 59, 148 u., 174, 184 u.
Germanisches Nationalmuseum, Nürnberg: S. 162
Getty Images, München: S. 27 u. + 29–123
Frank Hecker, Panten-Hammer: S. 12 r., 19, 28 u., 33 r., 40, 43 o., 48 o., 49, 51, 52 o. r., M. l., u., 53 u., 55, 56 u., 62 u., 65, 69 l., 70, 77, 78, 83 u., 84 u., 85 o. r., 86 u., 89 o., 90, 91 o., M., 93 l., 96, 98, 101, 102 o. l., o. r., u. r., 111, 114, 116 u., 118, 120 o., u., 121 o. l., o. r., 122, 123, 181 o. u., 192 l., r., 195, 199, 203
INTERFOTO, München: S. 4/5 (mova), 8 (mova), 13 (mova), 14 u. (mova), 15 (mova), 20 u. (mova), 21 (mova), 25 (mova), 29 (mova), 31 (mova), 33 o. (mova), 33 u. l. (F. Pölking), 34 (Mary Evans), 35 o. (K. H. Jacobi), 36 (K. H. Jacobi), 38 r. (mova), 39 (mova), 41 (mova), 42 o. (mova), u. (mova), 44 (mova), 45 (mova), 48 u. (mova), 57 (mova), 58 u. (mova), 61 l. (TopicMedia Service), 66/67 (mova), 82 (mova), 83 o. (W. Wirth), 85 u. r. (K. H. Jacobi), 87 (mova), 88 o. (mova), 93 r. (mova), 100 (O. Eckstein), 102 u. l. (TopicMedia Service), 103 o. (mova), 104 (W. Wirth), 106 u. (mova), 108 o. (mova), 108 u. (K. H. Jacobi), 109 (mova), 110 u. (mova), 112 (mova), 113 (B. Richter), 119 o. (mova), 126 o. (D. Rose), 130 (mova), 131 (mova), 132 (Sammlung Rauch), 134 (A. Koch), 135 (mova), 137 (Mary Evans), 139 (W. Poguntke), 140 (TV-yesterday), 141 (Sammlung Rauch), 144 (Bildarchiv Hansmann), 146 (Hermann Historica GmbH), 147 o. (Hermann Historica GmbH), 147 u. (Sammlung Rauch), 154 o. + 156 (Bildarchiv Hansmann), 155 (Sammlung Rauch), 161 (Bildarchiv Hansmann), 163 (Sammlung Rauch), 165 (A. Koch), 167 (Sammlung Rauch), 168 u. (Sammlung Rauch), 171 (Bildarchiv Hansmann), 176 l. (Sammlung Rauch), 177 (mova), 178/179 (TVyesterday), 196 (mova), 204 o. (mova)
Kunow/Wegner, *Urgeschichte im Rheinland*, 2006: S. 128
Küster, *Geschichte des Waldes*, 2008: S. 24
Landesamt für Denkmalpflege Baden-Württemberg, Regierungspräsidium Stuttgart: S. 127
Landesbetrieb Wald und Holz Nordrhein-Westfalen: S. 158 (A. Becker)
Landesumweltamt Brandenburg, Angermünde: S. 201 (H. Richter)
mauritius images, Mittenwald: S. 30 (Andreas Vitting), 63 (Prisma/Gerth Roland), 92 o. (imageBROKER/Kurt Kracher), 92 u. (Rainer Hackenberg), 94 (Hackenberg-Photo-Cologne/Alamy), 95 u. (imageBROKER/Kurt Kracher)
Museum in der Adler-Apotheke Eberswalde: S. 176 l.
Nationalparkamt Vorpommern, Born a. Darß: S. 85 u. l., 103 u.
Rainer Pöhlmann, Grafenau: S. 68, 69 r.
Provenienz TU Bergakademie Freiberg, Universitätsbibliothek: S. 170
Uwe Schölmerich, Erftstadt: S. 60, 188
Andreas Schüring, Werlte: S. 194
Siebengebirgsmuseum/Heimatverein Siebengebirge, Königswinter: S. 151 r.
Der Spiegel, Hamburg: S. 187
Jürgen Spiler: S. 16 (nach Ellenberg, *Vegetation Mitteleuropas*, 1996), 28 o., 116 o.
Wilfried Störmer, Goslar: S. 26/27, 47 (Dank an Nationalpark Harz)
ullstein bild, Berlin: S. 166 (Archiv Gerstenberg)
Wikimedia: S. 17 (Vergelter), 38 l. (Pipi69e), 150 (Van.ike)
Hermann Zawadski, Braunlage: S. 74/75 (Dank an Nationalpark Harz)